DIAMONDS

Their History, Sources, Qualities, and Benefits

钻石的历史

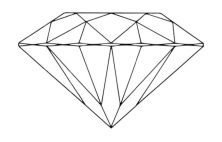

Renée Newman

[美] 蕾妮·纽曼 著

上海钻石交易所 译

中央编译出版社
CCTP Central Compilation & Translation Press

Originally published in English under the title *Diamonds: Their History, Sources. Qualities and Benefits*, Chinese editions Published by agreement with **Firefly Books** through **Gending Rights Agency (http://gending.online/).**

著作权合同登记号：01-2022-5592

图书在版编目 (CIP) 数据

钻石的历史 /（美）蕾妮·纽曼著；上海钻石交易所译. —北京：中央编译出版社，2023.4

书名原文：Diamonds: Their History, Sources, Qualities and Benefits

ISBN 978-7-5117-4366-4

Ⅰ.①钻… Ⅱ.①蕾…②上… Ⅲ.①钻石—历史—世界 Ⅳ.① TS933.21-091

中国版本图书馆 CIP 数据核字（2023）第 027255 号

钻石的历史

责任编辑	郑永杰
责任印制	刘　慧
出版发行	中央编译出版社
地　　址	北京市海淀区北四环西路 69 号（100080）
电　　话	（010）55627391（总编室）　　（010）55627312（编辑室） （010）55627320（发行部）　　（010）55627377（新技术部）
经　　销	全国新华书店
印　　刷	北京雅昌艺术印刷有限公司
开　　本	635 毫米 ×965 毫米　1/8
字　　数	216 千字
印　　张	34.5
版　　次	2023 年 4 月第 1 版
印　　次	2023 年 4 月第 1 次印刷
定　　价	298.00 元

新浪微博：@ 中央编译出版社　　　微　信：中央编译出版社（ID：cctphome）
淘宝店铺：中央编译出版社直销店（http://shop108367160.taobao.com）（010）55627331

本社常年法律顾问：北京市吴栾赵阎律师事务所律师　闫军　梁勤
凡有印装质量问题，本社负责调换，电话：（010）55626985

目录

1 什么是钻石？ 1

2 哪里可以发掘钻石？ 29

5

钻石首饰的演变 119

6

钻石如何定价？ 171

1 什么是钻石?

钻石可以是很多东西，具体取决于你的认知和出生时间。例如，对于现代化学家而言，钻石是一组碳原子，具有独特的晶体结构，因此成为目前已知最坚硬的矿物。几千年前，钻石只是一种石头，没有什么用途或意义。而后，钻石却成了一种工具、幸运符、财富和高等级的象征、博物馆展品、珠宝、扑克筹码、地球内部的直接样本、收入来源和传家宝，它还象征着权力、力量、勇气、情感、承诺、成就和永恒的爱，让人爱不释手，让人痴迷沉醉。如今的钻石不仅是宝石之王，或许还是最重要的工业和科学材料。本章探讨了钻石在整个历史进程中曾发挥的各种作用。

实用工具

钻石最初的作用就是充当一种切割、钻孔、研磨和雕刻工具。印度、希腊和罗马古代文明逐渐发现，钻石比任何其他材料都要坚硬，这种硬度进而使钻石有了许多实际用途。考古学证据表明，早在公元前5世纪，印度人就用钻石碎片来钻珠子。

Diamond这个名称源自希腊词语adamas，意为"不可征服的力量"——说的是钻石极高的硬度。尽管钻石不易刮擦、磨损和变形，但如果击中正确的位置，钻石也是可以分裂的。公元77年，罗马作家老普林尼在他的《博物志》第37册中写道："若成功击碎钻石，它会分裂成很小的碎片，小到几乎看不出来。这些碎

老普林尼肖像。*图片来自Science History Images / Alamy Stock Photo*

片深受宝石雕刻师青睐，他们把碎片插入铁制工具中，帮助他们毫不费力地凿空最坚硬的材料。"

在印度，印度工匠注意到，在铁砧上敲击钻石时，钻石并没有粉碎，而是嵌入了铁砧中。然而，工匠也发现，在某些条件下，打击铁砧是可以粉碎钻石的，他们开始将钻石包裹在铅片或蜡片中，然后猛烈打击。之后打开铅片或蜡片，把碎片排成一排，嵌在烧红的剑刃上或工具顶端，制成带有钻石刃的刀剑和带有钻石头的工具。

中国人最初对钻石的认识是把它们当成一种"玉石切割刀"，而非珠宝。中国人最珍视的珠宝是玉石。由于钻石经常是在黄金附近发现的，人们认为它与黄金有关。

14世纪初，印第安人和欧洲人开始打造钻石的形状，用涂有钻石砂和橄榄油的表面来打磨粗糙晶体上的凸起和凹陷。到19世纪初，钻石抛光已经实现机械化，但仍然需要将两个钻石晶体相互摩擦，其中一个用作工具，另一个作为宝石。

在第二次世界大战之前，钻石被广泛用于各种工业用途，包括钻孔、锯、挖掘、飞机系统、唱机唱针和手术刀片。战争开始后，钻石切割对于制造武器、车辆和技术变得更加重要。德国人把钻石切割者囚禁在专门的营地，让他们制造战争机器，还经常安排他们去扫荡以获得库存。在俄国入侵德国时，他们到伊达尔-奥伯施泰因小镇去绑架切割者，然后把他们关进强制劳动营。

今天，钻石已成为一种工具，其重要性也不再局限于切割和钻孔。钻石有许多非同寻常的物理和光学特性，使之可以在工业、科学探索和医疗技术的其他应用中发挥作用。这些将在第8章进一步讨论。

一台正在工作的钻石头钻机，钻石仍有广泛的工业和实际用途。照片来自大卫·塔德沃西安（David Tadevosian）/ Shutterstock

具有魔力的幸运符

在古印度，钻石被认为具有超自然的能力，因为钻石的硬度极高，除了其他钻石外，任何其他石头都不能划伤钻石或使之变形。因此，人们佩戴钻石，以便在战斗中获得力量、勇气，所向披靡。钻石一直被视为胜者之石，质量高，没有裂缝或其他缺陷；它是凯撒大帝和拿破仑的护身符。

人们还认为，钻石具有治疗功能，可以去除病痛。人们认定的一个证据就是黑死病，在13世纪，这场瘟疫曾席卷整个欧洲、亚洲和非洲地区，而首当其冲的正是较贫穷的阶层，能够负担得起钻石的富裕阶层却基本上未受其害。

乔治·坤斯（George F. Kunz）（1856—1932年）在《宝石奇谈》（The Curious Lore of Precious Stones）一书中提到，印度人根据四个种姓对钻石进行了分类。婆罗门钻石被赋予权力、友谊、财富和好运；刹帝利钻石代表永驻的青春；吠舍钻石带来成功；首陀罗钻石带来各种好运。

甚至在今天，形而上学书籍的作者们依然认为钻石可以赋予力量。在《水晶品鉴》一书中，作者霍尔·茱蒂（Judy Hall）写道："在心理学上，钻石可以赋予无畏、无敌和坚韧等品质……钻石可以治疗青光眼，益脑明目。可以治疗过敏和慢性病，实现新陈代谢再平衡。通常还用于消解毒性。"

在《晶石之书》中，作者罗伯特·西蒙斯（Robert Simmons）和奈莎·阿西安（Naisha Ahsian）提到许多君主将钻石镶嵌在皇冠上，因为他们相信钻石可以帮助他们获得神圣能量。"把钻石放在大脑附近，特别是放在额头上，可以增强内心的异象，与更高的神域建立直观联系。钻石是一种工具，可以用来唤醒内心的王之魂、后之魄，唤醒主宰权力、知识和权威的原始型存在。"

王母太后加冕皇冠正前方、正中间镶嵌着一颗光之山钻石。照片来自世界历史档案馆/*Alamy Stock Photo*

权力与财富的象征

在印度，大钻石是等级和财富的象征，只有统治者才可以佩戴。这一传统传遍欧洲，最富有和最有权势的家庭用钻石和其他宝石来巩固他们的世界统治者地位。

其中一颗最大和最著名的钻石是186克拉的科依诺尔，在波斯语中意为"光之山"。这颗钻石是在印度发现的，至少可以追溯到1304年，在东印度公司于1849年为维多利亚女王接手时，已经在印度、伊朗、阿富汗和巴基斯坦的各个统治者之间几经易手。曾有人称，拥有光之山钻石者，可统治世界。其中一位主人苏丹·巴布尔（Sultan Babur）1526年在他的日记中提道"这颗举世闻名的钻石可以买下半个世界"。

1850年，光之山钻石被献给了维多利亚女王。第二年，这颗重达186克拉的钻石在伦敦万国工业博览会展出。有人抱怨印度式切割方式让这颗钻石看起来灰暗无光，所以维多利亚女王的丈夫阿尔伯特亲王下令将它重新切割成椭圆形，让这颗钻石灵动而光彩熠熠。这个过程剔除了一大块黄色缺陷，钻石缩小到108.93克拉。光之山钻石的切割工作是由阿姆斯特丹切割师在伦敦完成的，持续了38天之久。之后，这颗钻石被镶嵌在女王佩戴的胸针和头环上，但在她去世之后，又被镶嵌在爱德华七世国王的妻子亚历山德拉王后的皇冠上。1911年，光之山钻石被镶嵌在玛丽女王的皇冠上。最后在1937年又被镶嵌在乔治六世国王的妻子，后被称为王母太后的伊丽莎白女王的皇冠上。这些皇冠均陈列在伦敦塔珠宝屋内。

佩戴光之山钻石的只有英国王室的女性成员，因为人们认为男性佩戴会遭受厄运，它的许多主人都曾遭遇过不幸。一些人深受折磨、英年早逝。不过，也有一些成为伟大的征服者。

到底谁才是光之山钻石的合法主人，一直争议不断。自1947年印度脱离英国独立以来，印度、巴基斯坦、伊朗和阿富汗政府均声称对该钻石拥有合法所有权，并要求归还。英国政府坚持认为光之山钻石是根据《拉合尔最后条约》条款合法获得的，并拒绝了这些要求。不过，一位印度政治家却不认同其国家对钻石的所有权。他就是印度独立活动家和印度独立后的第一位总理——贾瓦哈拉尔·尼赫鲁（1889—1964年），他说："钻石乃帝王之物，而印度不需要帝王。"

法国国王也用钻石来彰显财富。在16和17世纪，法国在整个欧洲钻石市场一枝独秀。路易十三是一名钻石爱好者，并支持钻石切割。正是在他的支持下，明亮式切割方法初步成型。据传，他收藏了18颗欧洲最大和最优质的钻石。

在路易十四时期，法国人对钻石的热爱达到了顶峰。路易从著名的宝石商人尚-巴蒂斯特·塔维尼埃（Jean-Baptiste Tavernier）那里购买了44颗大钻石和1,100多颗小钻石，包括塔维尼埃之蓝钻，这

"希望之星"钻石成为史密森尼国家自然历史博物馆的主要展品。图片来源：契普·克拉克（Chip Clark）；史密森尼学会提供

金羊毛勋章图，路易十五佩戴的饰品。图中显示的是法国蓝，这颗钻石在法国大革命期间被盗，后来经过重新切割，成为"希望之星"钻石。钻石上方是布列塔尼海岸红尖晶石（龙形雕件）。水粉画，瑞士日内瓦帕斯卡·莫内（Pascal Monney）创作；经所有者赫伯特·霍洛维茨（Herbert Horovitz）许可后转载

社交名媛伊沃琳·沃尔什·麦克莱恩
（Evalyn Walsh McLean）佩戴着"希望
之星"钻石。*Everett Collection Historical /
Alamy Stock Photo*

颗钻石后来成为法国蓝，后又被称为"希望之星"钻石。

塔维尼埃之蓝钻可能来自印度Kollur矿。路易十四于1668年自塔维尼埃购买，四年后，他这颗重约110克拉的印度式切割钻石重新被切割成69克拉的心形宝石，被称为法国蓝。

1749年，路易十五要求王室珠宝师将这颗钻石镶嵌在金羊毛勋章上。1792年，法国大革命期间，勋章被盗。至1812年左右，一颗深蓝色钻石神秘出现在英国伦敦。它被重新切割成一颗45.52克拉的钻石，当时被银行家族Hope & Co.的一名成员亨利·菲利普·霍普（Henry Philip Hope）买下，因而得名"希望之星"钻石。数度易主后，由华盛顿特区社交名媛伊沃琳·沃尔什·麦克莱恩以180,000美元的价格买下。1949年，纽约钻石商海瑞·温斯

摄政王钻石。图片来源：© RMN- Grand Palais / Art Resource, NY

顿（Harry Winston）买下她遗产中的全部珠宝藏品，并带着这颗钻石巡回展出了几年。1958年，他将"希望之星"钻石赠予史密森尼学会，表示希望这颗钻石能够成为国家宝石收藏的开始，与伦敦塔中的宝石平分秋色。

法国国王佩戴过的另一颗著名钻石是来自印度戈尔康达地区的摄政王钻石。这颗钻石重410—426克拉，之后于1702年被其主人托马斯·皮特（Thomas Pitt）爵士从印度运送到了英国。这颗钻石的瑕疵一直深入其内部，所以在1704年至1706年间被重新切割，成了一颗内部无瑕的D色（完全无色）枕形明亮式切割钻石，最终重量为140.64克拉。钻石的蓝色荧光赋之以完美的蓝色色调。在切割过程中，产生了几颗次级宝石，之后卖给了俄国沙皇彼得大帝（1682—1725年）。

彼得大帝总是担心钻石丢失或被抢，决定将其售出。1717年，在法国摄政王菲利普二世、奥尔良公爵（Philippe d' Orléan）（1715—1723年）的要求下，法国王室买下了这颗钻石，当时路易十五已经成年，能够承担国王的职责。这颗钻石在当时被认为是西方世界所有已知钻石中最优质和最大的钻石，并以摄政王的名字命名，其法语名称"Le Regent"和英语名称"the Regent"一

直沿用至今。路易十五于1721年在凡尔赛接待土耳其大使时首次佩戴了摄政王钻石。这颗钻石被镶嵌在一串珍珠和钻石之间，作为肩部配饰。摄政王钻石一直属于法国王室珠宝，直到1792年被盗。第二年，这颗钻石被发现藏在巴黎一间阁楼的顶梁中，之后用于担保贷款，以支付法国军队的开支。1801年，拿破仑·波拿巴赎回这颗钻石。之后，拿破仑将摄政王钻石镶嵌在剑柄上，并在他的法国皇帝加冕仪式上佩戴。随着统治政权的更迭，这颗钻石先后被镶嵌在路易十八、查理十世和拿破仑三世的王冠上，最后被镶嵌在尤金妮皇后的希腊式王冠（皇冠）上。

自1887年以后，摄政王钻石易主巴黎卢浮宫博物馆，自此不断展出。在第二次世界大战德国入侵法国期间，被移送至香波尔（Chambord）村，藏于一座城堡中，安全度过战争。之后，摄政王钻石重返巴黎并在卢浮宫展出，至今仍保存在卢浮宫内。因为它的历史和名气，摄政王钻石被称为法国国钻。

俄罗斯沙皇也钟爱钻石，并视之为权力的象征。早在16世纪初，他们的珍品中就有镶有钻石的皇室球体和镶有钻石的王冠。凯瑟琳大帝（1729—1796年）还曾委托日内瓦艺术家和钻石珠宝师热雷米·波齐埃（Jérémie Pauzié）设计一顶镶有近5,000颗钻石的王冠，他称之为欧洲有史以来最值钱的宝物。

装饰性宝石

早在公元前300年，人们就在金戒指上镶嵌未切割的钻石晶体，但不是作为首饰佩戴，而是当作护身符，并且是统治阶级的专属。在切割师找到抛光钻石的方法后，它们才成为令人觊觎的宝石。在15世纪之前，珍珠、红宝石和蓝宝石更受青睐。

AGNÈS SOREL 阿涅丝·索蕾，被称为15世纪法国的
"绝代佳人"，是第一位在公共场合佩戴
Née vers 1409, Morte en 14 钻石的平民。*Album / Alamy Stock Photo*

Lanté del.t

Gatine sculp.t

法国国王查理七世的情妇阿涅丝·索蕾（Agnes Sorel）
（1422—1450年）在使钻石成为女性配饰方面发挥了重要作用。
她被视为第一个在公共场合佩戴钻石的女性和第一位平民。15世
纪40年代，法律禁止除贵族和神职人员之外的人佩戴珠宝首饰，
而她因为是国王的情妇，得以凌驾于法律之上。

　　她的一位法国朋友、钻石商人雅克·柯尔（Jacques Coeur）
为她提供了钻石项链、胸针和搭扣。他从威尼斯和君士坦丁堡
（今土耳其伊斯坦布尔）带来钻石工人，并派商人前往印度寻找
大钻石和制作项链和胸针的小钻石。宝石的涌入使平民也获得了
佩戴钻石的机会，并促使钻石成为一种女性配饰。

　　阿涅丝成为雅克进口的所有珠宝首饰和丝绸长袍的模特。看
到阿涅丝佩戴钻石首饰，其他妇女也受到影响，开始佩戴。从而
促进了巴黎商业和时尚的兴起。一直到16和17世纪，法国在整个
欧洲钻石市场一枝独秀。

　　20世纪，伊丽莎白·泰勒（Elizabeth Taylor）等好莱坞女星
引发了人们对钻石的关注，特别是大钻石。泰勒的第一颗大钻石
是33.19克拉的克虏伯钻石，镶嵌在一只戒指上。而让她受到更多
关注的是她佩戴的那颗69.42克拉的泰勒-伯顿钻石，镶嵌在一条钻
石项链的中心部分。

　　泰勒-伯顿钻石原石（未切割的钻石）重达241克拉，于
1966年在南非普利米亚矿区发现。海瑞·温斯顿将其切割成梨
形后，重为69.42克拉。这颗钻石最初被亿万富翁出版大亨沃
尔特·丹内贝里（Walter Annenberg）的妹妹哈里特·安恩伯
格·艾姆斯（Harriet Annenberg Ames）买下，但在1969年的
拍卖会上她决定出售这颗钻石。泰勒的丈夫，演员理查德·伯顿
（Richard Burton）就是其中一个竞买人，但这颗钻石最终却被卡

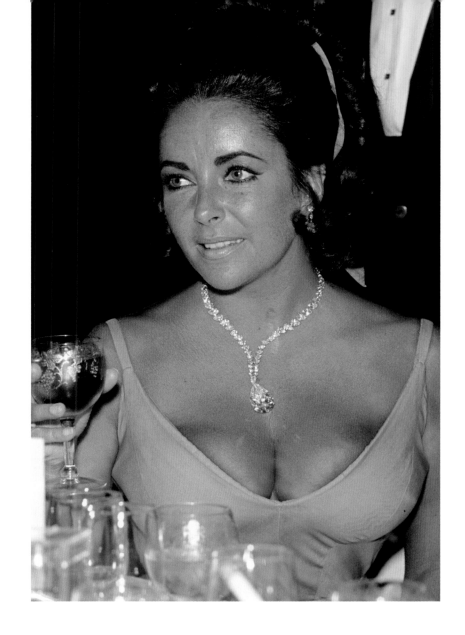

1970年4月，伊丽莎白·泰勒佩戴泰勒-伯顿钻石参加了第42届奥斯卡颁奖典礼。*Ron Galella / Ron Galella Collection通过Getty Images获得照片*

地亚珠宝公司以1,050,000美元的价格买下，在当时创下宝石拍卖价格的记录。之前的钻石价格记录是1957年创下的305,000美元。

伯顿因为未能竞拍成功心中苦恼，第二天他在酒店的公用电话中与卡地亚协商，以1,100,000美元的价格买下了这颗钻石。但出售的条件是，允许卡地亚在纽约和芝加哥展示这颗钻石。当时大约有6,000人排队观看。泰勒戴着这颗钻石参加了第42届奥斯卡颁奖典礼，期间还为《午夜牛郎》颁发了最佳影片奖。

1976年，与第二任丈夫伯顿[1]离婚后，泰勒宣布将钻石出售，并计划将部分收益用于在博茨瓦纳建造一所医院。她把泰勒-伯顿钻石卖给了纽约珠宝商亨利·兰伯特（Henry Lambert），后者又在1979年把它卖给了懋琬珠宝行的罗伯特·懋琬（Robert Mouawad）。

是扑克筹码还是玩物

1726年，巴西米纳斯吉拉斯州淘金者在溪流中完成一天的淘金工作后，会打扑克消遣时间。他们将淘选盘里的鹅卵石和金子一起当作扑克牌筹码。他们不知道的是，许多石头其实是钻石。其中一名受黄金传闻诱惑来到巴西淘金的葡萄牙士兵曾在印度见过钻石晶体，他怀疑这些石头是钻石，因此送了一些到里斯本。在阿姆斯特丹进行切割后，发现一些样品与在印度发现的钻石一样好。葡萄牙国王得知在巴西发现了钻石后，将淘金者赶走，把矿区交给几个宫廷宠臣，由他们控制奴工和钻石。到1730年，巴西已取代印度成为全球钻石的主要来源，这种状况一直持续到1870年南非开始开采。

在1866年底或1867年初，一个15岁男孩伊拉斯谟·雅各布斯（Erasmus Jacobs）在南非奥兰治河源头附近捡到一块淡黄色大卵石。他觉得妹妹会喜欢这颗石头。一个月后，在伊拉斯谟和他的妹妹用这块石头和河里其他石头玩一种叫"五块石头"的游戏时，一个名叫沙尔克·范·尼凯克（Schalk van Niekerk）的农民来到了这里。他看到这块闪亮的石头，觉得可能值些钱，所以他要求他们的母亲把它卖给他。她对此一笑而过，告诉他可以免费送给他。范·尼凯克曾有一本关于宝石的书，并且听闻该地区可能有钻石，所以他认为这颗石头可能是钻石。他请一位名叫约翰·奥赖利（John O'Reilly）的商人朋友查看这颗石头到底是不是钻石。

奥赖利把这块石头拿给霍普敦的许多人看，并告诉他们他认为这是一颗钻石，但所有人都嘲笑他。镇上有几个人认为是黄玉，因为它的颜色偏黄，因此没有什么价值。然后他又在科尔斯堡附近展示。大部分人都嘲笑他把石头当作钻石，只有代理民事专员洛伦佐·博伊斯（Lorenzo Boyes）除外，他让一位矿物学专家对石头进行了检测。矿物学家确认这是一颗钻石，并估价500英镑。

之后，这颗钻石被送到英国，由王室珠宝师进行检测，目的是将它送至1867年巴黎展览开普殖民地展位进行展览，定于4月1日由拿破仑三世皇帝揭幕。在王室珠宝师宣布这是一颗钻石之后，这颗钻石，或者可能是玻璃复制品，在巴黎展出，但人们对这颗钻石是否真的来自南非表示怀疑，因为在它的发现地附近未能找到任何其他钻石。然而几年后，这里最终发现了很多钻石。

这颗石头最初只是被当成一件玩物，而现在却被公认为是南非发现的第一颗经过鉴定的钻石。它被命名为"尤里卡"，在希腊语中意为"我已经找到"。其最初重量为21.25克拉，后来经过明亮式切割，形成了一颗重为10.73克拉的枕形钻石。为了纪念其发现100周年，德比尔斯矿业公司买下尤里卡钻石并将其捐赠给南非人民。这颗钻石被安放在金伯利矿业博物馆，现在仍然陈列在这座博物馆里。

由碳组成并且具有独特晶体结构的矿物

对于化学家而言，钻石是一种以立方晶体结构排列的碳原子所组成的矿物。石墨等其他物质也具有相同的化学成分，只是碳原子的排列方式不同。石墨原子是分层排列的，层内的原子键相当坚固，但层与层之间的键结却非常薄弱。相比之下，钻石的原子键在各个方向都非常坚固。因此钻石非常坚硬。

钻石的结晶过程开始于一个碳原子，然后与其他碳原子键结。键结的原子五个一组，称为四面体，其中一个碳原子在中心，其他四个原子环绕在周围。四面体又结合形成一个单位晶格，许多单位晶格一起形成钻石晶体。

钻石的单位晶格是立方体，在此基础上，可以形成不同形状。一种矿物的基本晶体形状被称为惯态，而宝石级钻石的惯态

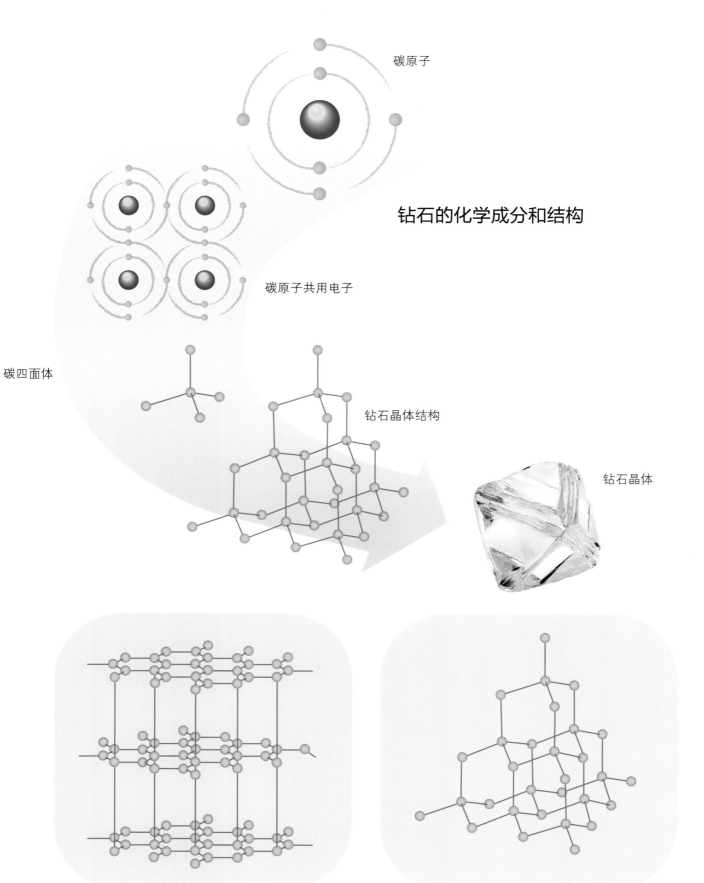

碳原子

钻石的化学成分和结构

碳原子共用电子

碳四面体

钻石晶体结构

钻石晶体

石墨

钻石

图片来源：美国宝石学院（GIA）图片，经彼得·约翰斯顿（Peter Johnston）修改

立方体　　　　　　　　　　八面体　　　　　　　　　十二面体

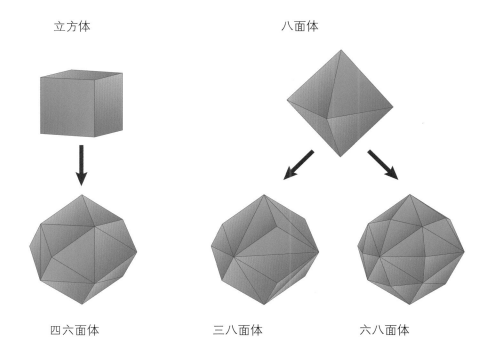

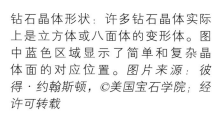

四六面体　　　　　　三八面体　　　　　　六八面体

钻石晶体形状：许多钻石晶体实际上是立方体或八面体的变形体。图中蓝色区域显示了简单和复杂晶体面的对应位置。图片来源：*彼得·约翰斯顿*，©美国宝石学院；经许可转载

透明八面体钻石晶体。钻石由帕拉国际有限公司提供；米娅·迪克森（*Mia Dixon*）拍摄

方形钻石晶体。钻石和照片由*The Arkenstone*提供；乔·巴德（*Joe Budd*）拍摄

通常是八面体，一种有八个三角形面的形状。但是，形状完整的八面体原石非常罕见，因而往往成为收藏家的样品，而非经过切割的宝石。十二面体有12个方形平面，但大多数十二面体钻石晶体是圆形的，非常适合制作成圆形明亮式钻石。

晶体结构对钻石的影响，对切割师而言非常重要。正如第四章所述，每个钻石晶体的独特化学结构决定了它的切割方式和形状。

虽然所有的钻石都是由碳组成的，但在钻石的化学结构中，还可以发现其他被称为杂质的原子。例如，氮，这是最常见的杂质，会导致颜色变黄。其他因素，如化学结构中的不规则和缺陷或辐射，也会影响钻石颜色，但氮是钻石颜色的最常见来源。

1934年，R. 罗伯森（R. Robertson）、JJ. 福克斯（JJ. Fox）和 A. E. 马丁（A. E. Martin）的一项研究表明，根据钻石对紫外线和红外线波长的可透性，钻石大致分为两类，为I型和II型。1954年至1959年的进一步研究表明，这两个类型之间的差异在于，I型钻石的钻石结构中含有氮，而II型钻石明显不含氮。

I型钻石可进一步分为两个子型：Ia型钻石含成对或成簇氮原子；Ib型钻石所含氮原子少于Ia型钻石，且氮原子分散而孤立。

各种形状和颜色的钻石晶体。钻石由Pala International提供；米娅·迪克森拍摄

钻石原石来自安哥拉Lulo钻石矿。左边的大晶体是短空晶石——一种扁平的三角形双晶钻石晶体。图片来源：© Lucapa Diamond Company Limited

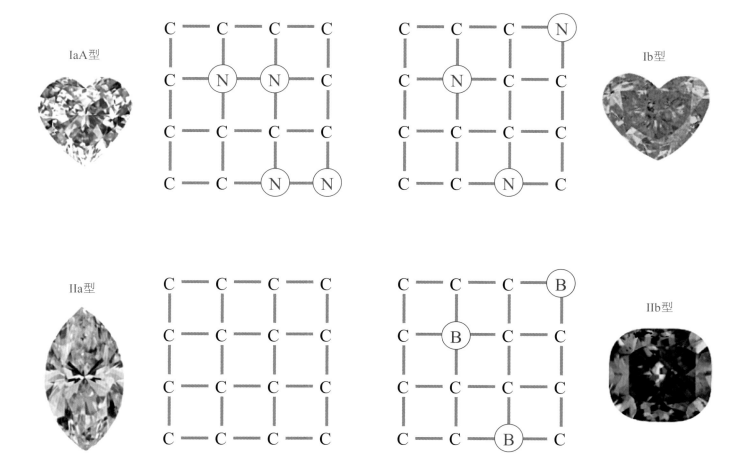

本图是简化版的钻石类型分类体系。根据钻石结构中的碳原子和杂质原子排列方式，I型（上排）和II型（下排）钻石可分别细分为两个子型。C = 碳原子，N = 氮原子，B = 硼原子。可以通过一种科学方法，红外光谱法，快速确定钻石类型。图片来自詹姆斯·希格利和麦克·布里丁（Mike Breeding），© 美国宝石学院；经许可转载

2003年美国宝石学院钻石及钻石分级课程上估计，大约有95%的可切割尺寸天然钻石为近乎无色至黄色的Ia型钻石。棕色、橘色、粉色和绿色天然钻石也可能为Ia型钻石。但实验室培育钻石并非Ia型。

Ib型钻石的黄色通常比大多数Ia型钻石更深，但也可能有亮黄色的Ia型钻石。Ib型钻石可能呈现橘色或棕色。

II型钻石含氮量很少或不含氮，且十分稀有。大部分IIa型钻石为无色，但晶体结构畸变可能导致形成棕色或灰色IIa型钻石。此外，部分绿色和粉色钻石为IIa型钻石。世界上大多数最著名的无色钻石为IIa型钻石，包括"科依诺尔"钻石和"库里南"钻石。IIa型钻石的导热性能优良。

IIb钻石含硼，并因此呈现出蓝色且具有优良的导热性。"希望

基础颜色	钻石颜色的成因
◆ 红色	钻石晶体中由于畸变而产生不规则的原子结构
◆ 蓝紫色	氢杂质
◆ 紫红色	钻石晶体中由于畸变而产生不规则的原子结构
◆ 绿色	天然辐射，氢；有时候绿色荧光也可能导致钻石呈现淡绿色
◆ 蓝色	硼杂质，有时候是辐射
◆ 橘色	可能是化学杂质和/或结构畸变
◇ 粉色	结构缺陷加氮杂质或氢杂质
◇ 黄色	随机取代单个碳原子的孤立氮原子，或成簇的三个氮原子
◆ 绿黄色	天然辐射、氢、氮
◆ 橄榄色*	天然辐射、氢、氮
◆ 黑色	黑色内含物
◆ 棕色	晶体原子结构的一种缺陷，可能由于巨大压力引起，表现为彩色晶纹
◆ 灰色	氢杂质
◆ 变色**	天然辐射、氢和镍杂质；变色原因不明，但可能因氮、镍和/或氢杂质引起

资料来源：《宝石和宝石学评论：彩色钻石》（*Gems & Gemology in Review: Colored Diamonds*），约翰·M.金（John M. King）编；伊曼纽尔·弗里奇（Emmanuel Fritsch）著《钻石颜色的本质》（*Nature of Color in Diamonds*），见乔治·哈洛（George Harlow）编《钻石的本质》（*The Nature of Diamonds*）；斯蒂芬·C.霍费尔（Stephen C. Hofer）著《彩钻的收集和分类》（*Collecting and Classifying Coloured Diamonds*）及NCDIA.com。
* 橄榄色：部分钻石商用以描述绿色且带有灰黄色或黄色又带有灰绿色的钻石的一般颜色术语，但美国宝石学院不使用这个词。
** 变色钻石在加热到302F（150℃）时或置于暗处几天后，会由橄榄绿变为棕黄色，但这种变色是可逆的。

之星"钻石就是IIb型钻石。灰色钻石也可能是IIb型。

　　氮杂质和硼杂质并非是引发钻石颜色的唯一原因。氢杂质可能致使钻石变为蓝紫色、灰色或浅灰色。在天然辐射的作用下可产生绿色或浅绿色钻石，荧光也可能促使钻石产生颜色。内含物

艳彩蓝绿色

浓彩黄

浓彩绿

浓彩绿黄色

中彩粉

尽管许多钻石只有单一色调，如黄色、粉色和绿色，但大多数钻石带修饰色调，如略带蓝色和略带绿色。请注意，印刷和显影工艺通常会导致照片上的宝石颜色失真。钻石和照片由Namdar Diamonds的乔·纳姆达提供

可能导致钻石呈现黑色或白色。上表简要罗列了各种天然彩钻的颜色成因。请注意，钻石颜色的形成过程比上表显示的要复杂得多。第21页给出了部分此类彩钻的示例。

大多数钻石的颜色范围为无色到浅黄色、灰色或棕色，即所谓的正常颜色范围，也称"D至Z范围"，即美国宝石学院以字母表示的钻石颜色等级表色阶范围。这个范围是最常用的钻石颜色等级表。上图显示了E至O成色的钻石。

正常颜色范围以外的钻石称为彩色钻石，可以呈现出多个色度的黄色、棕色、橘色、红色、粉色、紫色、蓝色或绿色。美国宝石学院用"彩（fancy）"这个字形容有天然颜色、多切面且呈现明显黄色、棕色或任何其他颜色的钻石。欲了解有关钻石颜色及其对钻石价格的影响的更多信息，请参阅第6章。

地球内部的直接样本

钻石有助于地质学家研究地球内部构造。许多钻石含有矿物颗粒和晶体（即内含物），能够帮助科学家确定地下62英里（约100千米）以下的地质构成和地质作用，且钻石通常形成于数十亿年以前［《宝石和宝石学》（*Gems & Gemology*），2013年冬季刊］，其他矿物质均无法提供如此深入地下和如此年代久远的研究信息。钻石是地球的"历史文物"。

大多数天然钻石形成于地壳古老、深厚且稳定的部分——克拉通以下。克拉通构成了大陆核心，位于地下至少93至124英里（150—200千米）。这些有10亿年历史的克拉通都有密集的大陆根，温度较低，有利于钻石的形成，例如俄罗斯西伯利亚克拉通、加拿大奴隶克拉通以及南非和博茨瓦纳的卡拉哈里克拉通。大陆根内形成的钻石被称为岩石圈钻石。在一些的火山喷发中，钻石被推到地表，包裹在火成岩——金伯利岩中。

钻石的正常颜色范围。请勿使用本照片对钻石颜色进行分级，因为印刷和显影工艺通常会导致照片上的宝石颜色失真。蒂诺·哈米德（*Tino Hammid*）拍摄，©美国宝石学院；经许可转载

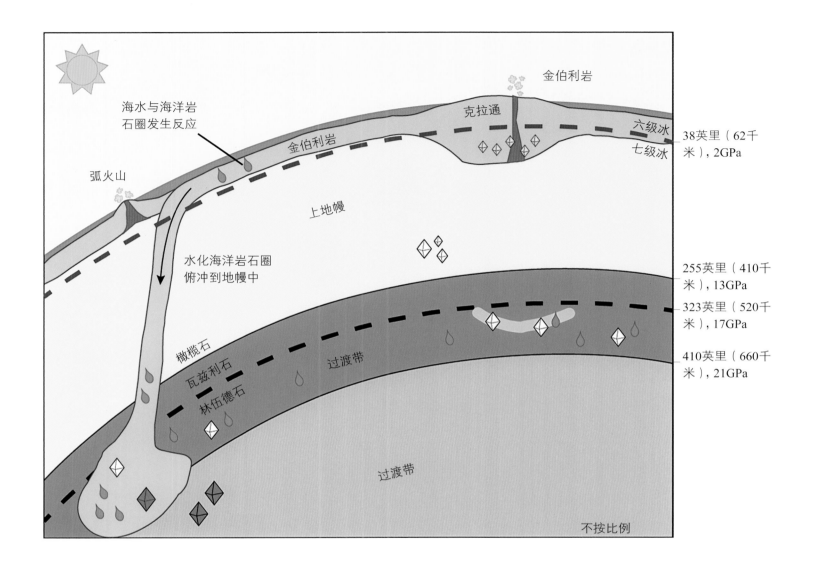

图中标注：

金伯利岩

克拉通

六级冰

38英里（62千米），2GPa

七级冰

海水与海洋岩石圈发生反应

金伯利岩

上地幔

弧火山

水化海洋岩石圈俯冲到地幔中

255英里（410千米），13GPa

橄榄石

323英里（520千米），17GPa

瓦兹利石

过渡带

410英里（660千米），21GPa

林伍德石

过渡带

不按比例

大多数钻石形成于克拉通岩石圈（见本图中黄色钻石图案）。超深层钻石（见本图中白色和蓝色钻石图案）更加罕见，形成于更深的地层，通常是过渡带。参考《宝石和宝石学》2018年夏季刊；图片来源：©美国宝石学院；经许可转载

超深层钻石形成于地幔的过渡带〔位于地表以下255—410英里（410—660千米）〕和过渡带之下的下地幔。钻石形成后，（可能）在地幔对流单体的作用下，被推到地幔浅部。金伯利岩喷发也能将钻石带到地表（《宝石和宝石学》，2018年夏季刊）。世界上许多最珍贵的钻石均为超深层钻石，如3,105.75克拉的"库里南"钻石。此类钻石通常相对纯净，内含物少，且形状粗糙不规则（《宝石和宝石学》，2017年冬）

收入来源

对于塞拉利昂等在河床上发现钻石矿的国家的手工矿工而言，钻石是一种收入来源，是一种摆脱贫困的途径。

20世纪60年代发现的钻石矿让博茨瓦纳人民间接受益，因为钻石的收益被用于修建学校和医院。1966年脱离英国宣布独立时，博茨瓦纳还是世界上最贫穷的国家之一。但得益于当地丰富的钻石资源，博茨瓦纳逐渐发展为中等收入国家。目前，该国60%—80%的出口收益来自钻石。博茨瓦纳第三任总统费斯图斯·莫哈埃（Festus Mogae）曾说："出售钻石代表了人民餐桌上的食物，生活条件的改善，医疗服务的改善，瓶装水和安全饮用水的供应，以及更多通往边远地区的公路。"

爱不释手

著名的钻石批发商"钻石之王"海瑞·温斯顿（1896—1978年）曾为琼·英格·迪金森（Joan Younger Dickinson）的《钻石之书》（*The Book of Diamonds*）（1965年）作序，解释了钻石于他而言的意义：

传奇珠宝商海瑞·温斯顿肖像。*阿尔弗雷德·艾森施泰特（Alfred Eisenstaedt）拍摄 / LIFE Picture Collection / Getty Images*

今天，珠宝不仅仅是我的所爱和生命，我简直对它们爱不释手。一颗原钻不仅隐藏着无与伦比的魅力，还有投机带来的兴奋感，以及作出正确判断所带来的回报。

近来，有10个人向我出售他们集资购买的一颗39克拉原钻。不管从哪个角度看，这都不是一笔划算的买卖，而且这颗钻石的中心位置还有瑕疵。但经过仔细观察后，我发现如果切割得当，可以完全去除瑕疵。我很清楚可以通过什么方法来将这颗原钻变为一颗巨大的梨形宝石。

"钻石吉姆"吉姆·布雷迪肖像。*Everett Collection Historical / Alamy Stock Photo*

于是我将它买下。切割操作历时几周，也让我心神不宁了几周。但当切割完成后，我们得到了一颗完美切割的精美宝石。我就像是一位怀着殷切期望的父亲一样，看着它心中无比骄傲。

对钻石同样着迷的还有吉姆·布雷迪（Jim Brady）（1856—1917年），一位白手起家的百万富翁，出生在他父亲在曼哈顿西区开的一家酒吧里。尽管他出生卑微，布雷迪日后却成为一名十分成功的商人，以痴迷钻石和珠宝为人所熟知。他的纽扣、手表、皮带扣、围巾别针、眼镜盒、戒指、领带别针、手杖，甚至内裤扣子上都镶上钻石，因此人送外号"钻石吉姆"。1895年，钻石吉姆因成为纽约市第一个拥有汽车的人而名声大噪。钻石吉姆认为，有钱人就应该炫耀自己的财富且行事慷慨大方。他甚至向照护他的医院护士们赠送了钻石戒指。钻石吉姆过着精彩多姿的生活。60岁那年，他在睡梦中去世。他大部分财富留给了纽约长老医院和马里兰州巴尔的摩的约翰霍普金斯医院。

可携带的财富形式

勃艮第玛丽的戒指。*KHM-Museumsverband*

钻石是现有财富中最集中、最便于携带的一种形式。有时候，流亡者通过钻石来逃离极权政体。例如，第二次世界大战前夕和期间，许多试图躲避德国纳粹的犹太人利用钻石支付逃往国外的路费，并作为开启新生活的资本。

相比钻石，房地产就无法转移。黄金虽然便于携带，但在财富集中度上难以与钻石相比。2020年每盎司黄金的售价为2,067美元，但一些相等重量的优质钻石价值却高达数百万美元。

如今，一些富人将优质钻石用作金融投资组合的补充性投资，特别是货币贬值或纸币更换（停止发售旧版纸币）的国家的富人们。但大部分此类投资者并不会将钻石存放在保险箱中，而是将钻石做成首饰，这样就能持续享受钻石带来的乐趣。这可以说是一个更好的购买钻石的理由。

爱与承诺的象征

考古证据表明，大约4,800年前，埃及人会交换爱的戒指。这种戒指通常由芦苇或头发等材料编制而成。戒指的圆环象征着永恒的爱，中间的洞则代表了通往已知和未知事物的通道。订婚戒指的第一次书面记载要追溯到公元前200年的罗马。但他们的戒指更像是商业合同和所有权标志，而非爱的象征。古罗马的男性赠予妻子一枚戒指，以宣示对妻子的所有权。刻画两只手紧握在一起的Fede戒指逐渐流行起来，并逐渐演变出青铜、铜、银、铁和金等金属材料的戒指。直到公元850年，订婚戒指才有了正式的含义。教皇尼古拉斯一世宣布，订婚戒指代表了男性想结婚的意愿。当时，黄金戒指是最常见的订婚戒指。

最早记载的钻石订婚戒指出现在1477年，即奥地利大公马克西米利安一世赠予其未婚妻勃艮第玛丽公主的钻石戒指。有了皇家的公开支持，钻石订婚戒指也成为其他富裕人家的订婚传统。到今天，富人们还在遵循着这样的传统。玛丽的钻戒代表着她对丈夫永恒的忠诚，但婚后短短五年便在一次坠马事故中与世长辞。

15世纪的钻石不像今天的钻石那样明亮闪耀。早期的切割技术相对落后，制成的宝石看起来暗淡无光。为了弥补光泽暗淡的缺陷，金匠们设计出精美无比且具有浪漫意味的首饰图案，如花结和鸢尾花图案。勃艮第玛丽有一只镶嵌不规则方形黑钻石的黄金戒指，形状做成"M"形，即她名字的第一个字母。

钻石无与伦比的硬度在保持不变形、不受磨损之外，终究还是让其成了永恒的爱的象征。文艺复兴时期欧洲上层人士认为，钻石代表着刚毅、忠诚、纯洁和繁荣。他们认为钻石抵御自然力量的能力能传递给钻石的主人，这样他们就能抵御诱惑。

直到南非发现大型钻石矿后，钻石才从皇室和贵族阶层流

勃艮第玛丽和马克西米利安一世的彩色肖像画。*PRISMA ARCHIVO / Alamy Stock Photo*

a girl's dream

TREASURED IN A DIAMOND

Lovely dreamer . . . painted for the De Beers Collection by Edwin Schmidt

De Beers Consolidated Mines, Ltd.

A girl, hopefully, tenderly, dreams upon a fresh, new miracle, her 'wakened love. Her heart brims with thoughts of "him," alone. And their engagement diamond, telling their promise, records this dear detail. So, though the enchantment of the engagement time comes but once, it will never be forgotten. The earth-born firelight he's placed upon her finger will recall their love's first meaning, endlessly. To mark your engagement, your ring-stone may be modest in size, but it should be chosen with care, for it will be treasured always, by you and generations yet to be.

HOW TO BUY A DIAMOND First, and most important, consult a trusted jeweler. Ask about color, clarity and cutting—for these determine a diamond's quality, contribute to its beauty and value. Choose a fine stone, and you'll always be proud of it, no matter what its size. Diamond sizes are measured by weight, in points and carats—100 points to the carat. (Exact weights shown are seldom found.) For your guidance, the price ranges given below are based on current quotations by jewelers throughout the country in July, 1961. Note that diamond prices vary widely according to the qualities being offered. Tax additional.

25 points (¼ carat)
$75 to $225

50 points (½ carat)
$150 to $590

1 carat (100 points)
$400 to $1680

2 carats (200 points)
$840 to $4000

a diamond is forever

什么是钻石？　27

入商业市场。19世纪末，中产阶级开始佩戴钻石。随着非洲钻石产量的不断增加，控制着全球钻石供应的钻石矿业公司戴比尔斯意识到可能需要通过广告来推广钻石。1938年，戴比尔斯（De Beers Consolidated Mines）董事长哈利·奥本海默（Harry Oppenheimer）与费城广告公司N.W. Ayer & Son总裁会面，旨在制定钻石推广策略。Ayer建议，与其宣传钻石的精英阶层形象，不如将目标锁定在更大的市场——广大情侣，由此开启了广告史上最成功、最长久的合作案例。

Ayer首先通过好莱坞影星宣传钻石。影星们佩戴着钻石出现在电影和广告中。Ayer还通过珠宝商、讲师和杂志鼓励公众佩戴钻石。万事俱备，只差一句广告词。在1948年的一天，Ayer的文案弗朗西斯·杰雷蒂（Frances Gerety）一直加班工作到深夜。睡意袭来，她伏案小憩。突然她灵光乍现，在稿纸上潦草地写下"钻石恒久远，一颗永流传（A Diamond Is Forever）"。就是这样一则简短却令人印象深刻的话语成了美国最著名的广告词。另一句创造历史的广告语是"钻石是女孩最好的朋友"，源自1949年，卡罗尔·钱宁（Carol Channing）在舞台音乐剧《绅士爱美人》中演唱的一首爵士歌曲。1953年根据该舞台剧推出了同名喜剧电影，由玛丽莲·梦露担纲主演，她演唱的《钻石是女孩最好的朋友》惊艳四座，被美国电影学院评为20世纪最佳电影歌曲第12位。

N.W. Ayer & Son的广告在推动钻石成为订婚戒指的过程中发挥了关键作用，但钻石之所以成为最理想的戒指选择还有其他实际原因。相比其他任何宝石，钻石更能抵御刮擦、磨损、高温和化学物质的侵蚀，且其柔和的中性色与任何颜色的服饰都能很好地搭配。并且钻石也都是现成的产品。因此，钻石一直是最受欢迎的订婚戒指宝石，继续象征着承诺和持久的爱。

（接上页）戴比尔斯1961年广告的标志性广告语"钻石恒久远，一颗永流传（A Diamond Is Forever）"。图画由爱德温·施密特（Edwin Schmidt）创作。*Neil Baylis / Alamy Stock Photo*

20世纪50年代，玛丽莲·梦露在《绅士爱美人》中全身戴满钻石的经典形象巩固了她好莱坞新星的地位。*Everett Collection Inc / Alamy Stock Photo*

2 哪里可以发掘钻石？

贫苦农民丹尼尔·雅各布斯（Daniel Jacobs）的15岁儿子伊拉斯谟·雅各布斯被证实为在非洲首次发现钻石的人。大约在1866年12月至1867年2月期间，他在南非奥兰治河附近的一个农场捡到一块石头。这块石头最终被送至一名矿物学者。矿物学者确认了这是一颗重达21.25克拉的原钻，价值500英镑。随后，这颗原钻被送往伦敦，经过切割，制成了10.73克拉的钻石，命名为"尤里卡"。更多信息见第1章。

"尤里卡"钻石的故事被报道后，一些钻石"猎人"来到南非中部的奥兰治河和瓦尔河附近。一位名为詹姆斯·A. 格雷戈里（James A. Gregory）的地质学家对该地区展开了一项漫长的研究。1868年12月，他在伦敦《地质学杂志》（*Geological Magazine*）中报告称，没有迹象表明能在该地区找到钻石或含有钻石的矿藏。他的结论是："在南非发现钻石的整个事件就是一场骗局。"然而这个言论很快就被推翻。

1869年3月，一名牧羊人捡起一块好看的卵石。他试图用这块石头换点物品，但遭到所有人的拒绝，除了沙尔克·范·尼凯克，即参与发现"尤里卡"钻石的当地农民。范·尼凯克用一匹马、10头牛和500只绵羊交换了牧羊人手中的那块石头。这块石头是"尤里卡"钻石的四倍大，范·尼凯克后来以11,200英镑的价格将其售出。

人们将这块83.50克拉的原石命名为"南非之星"金刚石，并在南非议会大厦展示。由原石切割出47.69克拉的梨形明亮式钻石，由达德利伯爵购买。

"南非之星"掀起了一股钻石热潮，非洲、南美和澳大利亚的寻宝人纷纷赶往南非寻求财富。"南非之星"发现后的七年内，南非出产的钻石已占到全球钻石产量的90%。但今天，南非出产的天然钻石在全球总产量的占比不到10%，因为俄罗斯、博茨瓦纳和加拿大开采了更多钻石。

本章将介绍钻石的开采地点，从最早期的印度钻石矿讲到今天资源大国俄罗斯的大型钻石矿场。

钻石矿基本术语

原钻：未经切割的天然金刚石。

原生矿床：矿床，埋藏着包裹在坚硬岩石——母岩中的原钻。

次生矿床：在远离原生矿床的位置发现原钻的矿床。

冲积矿床：一种次生矿床，母岩的腐蚀和风化导致在河床、河道、溪流和海滩的沙砾中积累了原钻。

冲积钻石：源自冲积矿床的任何钻石。

海洋矿床：一种次生矿床，其中发现有含土壤和岩石颗粒的原钻。在风、冰川或河流的作用下，原矿从陆地飘移到海底或海岸线。

火成岩：喷出地表的岩浆，最初为融化或半融化状态，冷却后变坚硬。

金伯利岩：一种火成岩，将钻石运送至地球表面。金伯利岩是大多数原生矿床钻石的母岩。

钾镁煌斑岩：一种火成岩，将部分钻石运送至地表。钾镁煌斑岩是西澳洲和阿肯色州钻石的源岩。

钻石管状脉：暴烈喷发将包裹钻石的金伯利岩和钾镁煌斑岩从地壳推送至地表导致形成的胡萝卜状深邃结构，在地表形成一个陨石坑，下面连接一个长长的垂直管道。

印度

印度是第一个向全球市场供应钻石的国家，也是1730年以前的主要钻石产地。这一年，巴西取代了印度成为全球第一大钻石产地。大约在公元前600年印度就已在河床上发现了钻石，而亚历山大大帝在入侵印度北部后在公元前326年将首颗钻石带到了欧洲。

印度最著名的钻石矿区为今天特伦甘纳邦和安得拉邦的戈尔康达地区。该地区的冲积矿，特别是科鲁尔矿山，出产了世界上部分最大和最优质的钻石，包括"科依诺尔"钻石、"德累斯顿"绿钻、"奥尔洛夫"钻石、"摄政王"钻石和"希望之星"钻石。后来，"戈尔康达钻石"逐渐成为指代透明度极高的顶级钻石的行业术语。钻石商将戈尔康达矿区的钻石运送到海得拉巴出售。"科依诺尔"钻石等部分极昂贵的钻石被保存在戈尔康达堡，由专人守卫。戈尔康达堡现已成为印度的著名景点。

1676年发行的《尚-巴蒂斯特·塔维尼埃六次出行记》是了解印度钻石矿的最佳渠道之一。该书讲述的是法国珠宝商尚-巴蒂斯特·塔维尼埃六次前往印度的旅途经历。塔维尼埃最著名的事迹是购买到115克拉的"塔维尼埃之蓝"钻石，并于1668年出售给法国路易十四。路易命宫廷珠宝师将这块石头打磨成69克拉的"法兰西之蓝"钻石，但该钻石在法国大革命期间被盗，并遭到再次切割。最终，该钻石落入亨利·菲利普·霍普之手，并重新命名为"希望之星"。

印度钻石产量在17世纪达到顶峰。塔维尼埃记载称仅一个矿区就有6万名男性、女性和儿童在从事挖掘工作。然而大约到1750年，印度的钻石产量已经很小了，但不时能发现一些大型钻石。如今的印度只有中央邦潘纳（Panna）地区还在进行商业性的钻石开采活动。

这颗重约41克拉的"德累斯顿"绿钻被镶嵌在一顶帽子上作为装饰，在德国德累斯顿城堡绿穹珍宝馆展示。维基共享资源

左图描绘了印度钻石矿区的作业场景，来自1725年荷兰Pieter van der Aa in Leiden 出版的 *La Galerie Agréable du Monde*（《世界的美好画廊》）第一卷。维基共享资源

自20世纪70年代以来，印度成为全球最大的小型钻石切割中心和重要的大型钻石切割中心。据估计，全球15颗钻石中就有14颗是在印度切割和抛光的。印度的钻石切割行业集中在古吉拉特邦和马哈拉施特拉邦，靠近孟买国际交易中心。古吉拉特邦苏拉特市就以钻石切割和抛光为世人所知，也是印度的"钻石之城"。全球大约90%的钻石是在这里抛光的。苏拉特市计划将在2022年新开放一间钻石交易所。

印度也是重要的钻石首饰制造中心。印度钻石行业从业人数超过一百万。钻石行业创造的收益用于修建医疗设施、学校。钻石行业还增加了工作岗位，因此改善了钻石中心附近居民的生活。

钻石分拣，印度苏拉特 Dharmanandan切割中心。图 片来源：© *Dharmanandan Diamonds Pvt.Ltd.*

工人们在手工打磨钻石。图 片来源：© *Dharmanandan Diamonds Pvt.Ltd.*

加里曼丹岛

加里曼丹岛是一个岛屿，分别属于马来西亚联邦、文莱（北部）及印尼（南部）。加里曼丹岛的钻石开采活动始于公元600年。

1518年，葡萄牙人杜阿尔特·巴尔博萨（Duarte Barbosa）首次记载了加里曼丹岛的钻石开采活动。17世纪早期，荷兰殖民加里曼丹岛，并开始通过荷兰东印度公司开采钻石（《宝石和宝石学》，1988年夏季刊）。荷兰东印度公司将收购的钻石出口到荷兰，为阿姆斯特丹发展为国际钻石切割和交易中心奠定了基础。南非钻石矿的发现导致加里曼丹岛钻石行业的衰落，但当地如今还在开展一些采矿活动。

大部分加里曼丹岛钻石都来自印尼所属部分，即加里曼丹。比较著名的钻石之一是"马辰"钻石，曾由马辰苏丹所有。马辰现为南加里曼丹首府。这颗钻石原是一个八面体，重量为70—77克拉。1859年，荷兰控制了这座城市，开始大肆掠夺。"马辰"钻石也被荷兰人抢去。原钻被运往荷兰，采用老矿式切割方法切割为38.25克拉的钻石。截至本书编写之时，"马辰"钻石还展示在阿姆斯特丹国立博物馆展，但最终可能会归还给印尼。

加里曼丹岛钻石矿为冲积矿，主要分布于加里曼丹靠近赤道的Landak河一带，以及加里曼丹东南部的Danau Seran沼泽之下。Danau Seran沼泽靠近印尼最大钻石切割中心马塔普拉，距离南加里曼丹首府马辰东南部大约24英里（39千米）。可以参观马塔普拉钻石市场和附近的Cempaka矿区。这里的钻石开采活动还是以传统的淘洗方式为主。淘洗钻石的同时还可以淘金和淘洗其他宝石。

加里曼丹岛钻石主要为宝石级。彩钻交易商Arthur Langerman的网站上写道："加里曼丹岛出产的钻石主要包括黄色和棕色钻石。这里也出产过世界最珍贵的红色、蓝色和绿色钻石。"

"马辰"钻石，目前展示在荷兰阿姆斯特丹国立博物馆。*Everett Collection Inc / Alamy Stock Photo*

传统的淘钻作业，加里曼丹岛。*agefotostock /Alamy Stock Photo*

"穆萨耶夫"红钻。钻石和图片来源：
Moussaieff Jewellers

黑金刚钻石，悬吊于镶嵌白色和黑色钻石的铂制耳环上。耳环和照片由吉姆·格拉尔（*Jim Grahl*）提供

巴西

18世纪初，矿工在沿巴西米纳斯吉拉斯热基蒂尼奥尼亚河淘金［Arraial do Tijuco村（后更名为迪亚曼蒂纳，Diamantina）附近］时发现钻石。这是首次在巴西发现钻石。1725年，占领巴西的葡萄牙在这里发现钻石。这是有正式记载的钻石发现。到1730年，巴西取代印度成为全球最大钻石产地。巴西的这一地位一直保持到1870年南非开始出产钻石。18世纪中期至19世纪中期，欧洲的大部分钻石均来自巴西。

1730年至1735年，巴西钻石市场的显著扩大导致原钻价格急剧下降。奇怪的是，尽管原钻的价格随着供应变化发生剧烈波动，但切割后的钻石价格却保持稳定。

大部分巴西钻石都在河流、溪流或沉积物中的松散晶体结构中发现。这些冲击矿床遍布整个巴西，但过去三个世纪，米纳斯吉拉斯州和马托格罗索州的冲积矿床发挥了最重要的经济价值（《宝石和宝石学》，2017年春季刊）。

大部分巴西钻石由独立矿工采用简单工具和淘盘回收。全球已知最大的红钻"穆萨耶夫"红钻是1989年一位巴西农民在冲积矿床上发现的13.90克拉晶体，经三角形明亮式琢型切割成的5.11克拉钻石。许多其他大型彩色钻石也在巴西发现。

巴西的黑金刚石也很出名。黑金刚石是一种多晶金刚石，由许多随机排列的微小黑色钻石晶体和石墨构成。黑金刚石是黑色、不透明、有空隙的，比单晶钻石硬度更大，切割和抛光难度极大，因此大部分黑金刚石都以原石的形式出售，用以工业用途。但也有一些黑金刚石被琢制。巴西和中非共和国是著名的黑金刚石产地。

1895年，塞奇奥·博格斯·德·卡瓦略（Sérgio Borges de Carvalho）在巴西巴伊亚州Lençóis的地面发现了一颗重达3,167

本图描绘了19世纪巴西钻石开采的场景。
这幅版画来自L·西莫宁（L. Simonin）的
《地下生活：或矿井和矿工》（1868年）。
Sheila Terry / Science Photo Library

来自巴西米纳斯吉拉斯的半刚石。钻石和照片由*The Arkenstone*提供；乔·巴德拍摄

克拉的黑金刚石，命名为"塞奇奥（Sergio）"。人们认为"塞奇奥"来自外太空，也是迄今为止发现的最大型黑金刚石。"塞奇奥"首次以16,000美元的价格出售，第二次出售卖到6,400英镑。最后，人们将"塞奇奥"切割为3至6克拉的小块，用作工业金刚石钻头。

半刚石是巴西发现的另一种多晶金刚石。与黑金刚相同，半刚石也是一种工业金刚石，硬度比单晶金刚石大，很难切割和抛光，但颜色范围很宽。大部分半刚石为灰色，也发现略带黄色、棕色或白色的半刚石。

在巴西发现了金伯利岩管状脉。2016年7月，经过几年的勘探和开发，Lipari Mineraçao Ltda开始在名为Braúna的金伯利岩矿区进行商业生产。该矿区位于巴伊亚州东北部，是南美洲最大型的钻石矿。

如今，巴西出产的钻石不到全球总量的1%，但发现了很多大型钻石、彩钻和超深层钻石及黑金刚石。随着巴伊亚州大型金伯利岩矿区的开采，产量将逐渐增加（《宝石和宝石学》，2017年夏季刊）。

南非

  1869年，"南非之星"钻石发现后，数千名钻石勘探者从世界各地涌入南非中部。他们在瓦尔河岸边"南非之星"的发现地附近划分矿权地，并主要使用铁镐和铁锹在河床上挖掘寻找钻石。

  1869年末，有人在最近的瓦尔河矿床附近约12英里（20千米）的地方发现了钻石。但这里远离河流或溪流。在此次发现的基础上，人们又发现了金伯利岩管状脉，并且开始意识到，不只是冲积沙砾中才有钻石。此前在印度、加里曼丹岛和巴西发现的

南非金伯利钻石矿鸟瞰图，照片摄于19世纪末。克里斯·豪斯（*Chris Howes*）/ *Wild Places Photography* / *Alamy Stock Photo*

钻石均发掘于冲积沙砾。多个重要管状脉——杜托伊斯宾、伯尔特方丹、戴比尔斯和金伯利管状脉聚集在一起。金伯利，金伯利岩管状脉的所在地，后来成了世界钻石行业的中心。如今，金伯利已发展成为一个人口超20万的城市。

1874年，人们在金伯利地区划分了数百个矿权地。南非、加拿大、澳大利亚和欧洲的矿权地持有者逐渐联合起来形成合伙公司，集资购买先进的大型机械，推动了南非钻石生产业的繁荣。但这样一来，导致1873年至1894年期间钻石出现严重的供过于求问题，导致钻石价格暴降，矿权地的价值也大大缩水。

持有戴比尔斯矿场矿权地的英国人塞西尔·罗兹（1853—1902年）利用这一危机，联合合作伙伴以低价收购了大量矿权地。1887年，罗兹取得了戴比尔斯矿场的完全控制权。最终，罗兹及其同事收购了金伯利地区的全部矿权地，并持有多数所有权。1888年，罗兹组建了新公司，起名为"戴比尔斯有限公司（De Beers Consolidated Mines Limited）"。1900年，戴比尔斯公司控制了全球90%的原钻产量。

该公司成立后不久便与伦敦著名的钻石商组织——伦敦钻石联盟签署合约。根据合约，其将购买和销售大部分钻石生产商生产的全部钻石。戴比尔斯公司和伦敦钻石联盟展开合作，根据消费者需求生产钻石。

普雷米尔等新矿场发掘后，越发难以通过控制产量来维持钻石价格。该矿山位于金伯利东北300英里（500千米）的位置，于1902年由托马斯·库里南（Thomas Cullinan）发现。（该矿场在2003年前名为普雷米尔矿山。2003年，为了庆祝被发掘100周年，将其更名为"库里南"，以便将其与发现者和"库里南"钻石联系起来。）

1888年，塞西尔·罗兹（Cecil Rhodes）发现了戴比尔斯矿场。*Lebrecht Music & Arts / Alamy Stock Photo*

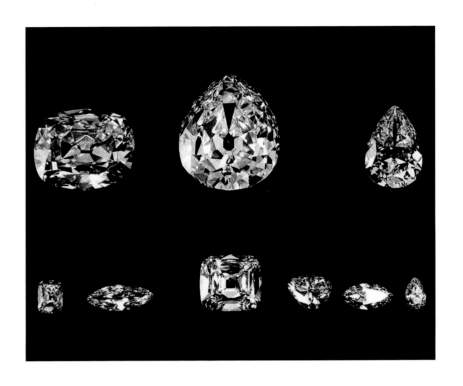

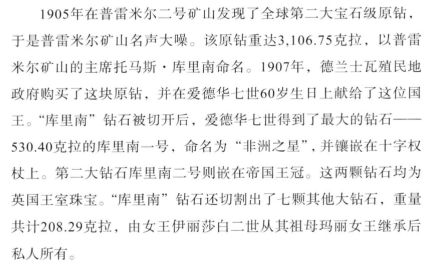

3,106.75克拉的"库里南"原钻及其切割出的九颗"库里南"钻石。切割师为约瑟夫·阿斯切（Joseph Asscher）。维基共享资源

1905年在普雷米尔二号矿山发现了全球第二大宝石级原钻，于是普雷米尔矿山名声大噪。该原钻重达3,106.75克拉，以普雷米尔矿山的主席托马斯·库里南命名。1907年，德兰士瓦殖民地政府购买了这块原钻，并在爱德华七世60岁生日上献给了这位国王。"库里南"钻石被切开后，爱德华七世得到了最大的钻石——530.40克拉的库里南一号，命名为"非洲之星"，并镶嵌在十字权杖上。第二大钻石库里南二号则嵌在帝国王冠。这两颗钻石均为英国王室珠宝。"库里南"钻石还切割出了七颗其他大钻石，重量共计208.29克拉，由女王伊丽莎白二世从其祖母玛丽女王继承后私人所有。

戴比尔斯公司认识到无法控制全部现有钻石矿后，开始将重心转移到购买原钻上。每当有原钻被发掘，该公司总会尽快完成购买，以保障钻石价格和市场稳定性。

1929年，恩斯特·奥本海默（Ernest Oppenheimer）（1880—1957年）成为戴比尔斯公司董事长，并一直担任该职位直至去世。

20世纪30年代大萧条期间，许多小型钻石开采公司退出了市场，戴比尔斯公司将其收购，并逐渐完全控制南非钻石生产。南非钻石生产并未由政府控制。1939年第二次世界大战开始时，戴

南非钻石矿发现、开矿和封矿时间线

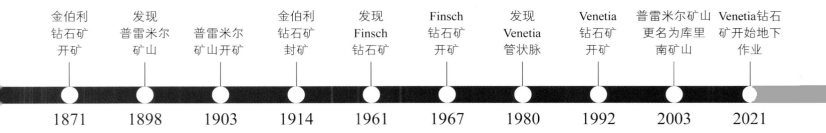

金伯利钻石矿开矿	发现普雷米尔矿山	普雷米尔矿山开矿	金伯利钻石矿封矿	发现Finsch钻石矿	Finsch钻石矿开矿	发现Venetia管状脉	Venetia钻石矿开矿	普雷米尔矿山更名为库里南矿山	Venetia钻石矿开始地下作业
1871	1898	1903	1914	1961	1967	1980	1992	2003	2021

伦敦钻石联盟的演变

1930年，奥本海默创立钻石公司（Dicorp）作为伦敦钻石联盟的继任公司。1934年，Dicorp和其他主要钻石生产商联合起来成立了钻石生产商协会（DPA）。2020年，DPA更名为天然钻石协会（Natural Diamond Council）。截至2020年，天然钻石协会有七个成员，代表了全球75%的原钻产量：Alrosa、Arctic Canadian Diamond Company、戴比尔斯集团、Lucara Diamond、RZM Murowa Diamonds、佩特拉钻石和力拓。

比尔斯公司是全球最大的工业钻石供应商，而工业钻石有着军事用途。

在20世纪90年代中期以前，戴比尔斯公司与全球钻石生产商的贸易合同几乎没有受到影响。但之后，俄罗斯、澳大利亚和加拿大的领先钻石生产商对本国钻石的控制超过了戴比尔斯。此外，库里南钻石矿（前身为普雷米尔矿山）曾经由戴比尔斯公司控制，而后来佩特拉钻石取得其74%的控制权。佩特拉钻石不断开采这个地下资源。库里南钻石矿出产了750多颗超过100克拉的钻石，也是全球主要的蓝钻来源。

这两颗分别为424.89克拉和209.20克拉的D色II型钻石于2019年3月和4月在库里南回收。图片来源：© 佩特拉钻石

2020年9月，仅短短的一周之内就在库里南钻石矿发现了五颗9至25克拉的蓝钻。这个系列被命名为"Letlapa Tala"，北索托语，意思是"蓝色石头"。北索托语是库里南地区的主要语言。经过公开竞标，佩特拉钻石将这批钻石售予戴比尔斯公司和Diacore的合伙公司，售价为4036万美元。

此前于2019年9月也在库里南钻石矿发现了一颗20.08克拉的蓝色钻石，并以1490万美元的价格卖给了一位匿名买家。

戴比尔斯公司还放弃了对Finsch钻石矿的控制权。该矿位于金伯利西北103英里（165千米）的位置。2011年，戴比尔斯公司以2亿美元的价格将其持有股份出售给佩特拉钻石。Finsch钻石矿目前的持股结构为：佩特拉钻石（74%）、Kago Diamonds (Pty.) Ltd.（14%）和Itumeleng Petra Diamonds Employee Trust（12%）。

Venetia金伯利岩钻石矿位于南非东北部，是该国自1995年以来发现的最大型钻石矿。该钻石矿于1992年开矿，由戴比尔斯有限公司所有。为了将采矿年限延长至2046年，公司决定在2021年将Venetia现在的露天矿转为地下作业。

南非全国各地的冲积矿床继续出产钻石。其中一些矿床早在19世纪就已开矿。该国甚至还在海岸线附近的海洋矿床进行钻石开采。

Letlapa Tala蓝钻系列：2020年9月的一周内在库里南钻石矿发现的五颗蓝钻。图片来源：© 佩特拉钻石

开采钻探前，Finsch钻石矿专家在进行安全检查。图片来源：© 佩特拉钻石

纳米比亚海岸的海洋开采作业。图片来源：© *Namdeb Diamond Corporation*

纳米比亚

纳米比亚位于南非西北部的大西洋海岸。1908年在纳米布沙漠的沙丘里发现了钻石，当时纳米比亚还是德属西南非洲。人们认为这些钻石来自南非内陆的金伯利岩。仅在1909年纳米比亚就开采了将近50万克拉的钻石，且直到第一次世界大战爆发前，这里的钻石产量一直在增长。

1928年，沿着纳米比亚海岸，在奥兰治河入海口北部拔高的海滩发现了大量钻石。几十年来，钻石开采活动不断扩大，已延伸到海洋。20世纪60年代，人们通过海底采矿从海岸附近的海底回收钻石。

今天，纳米比亚专属经济区在近海开采钻石。近海开采作业在水下460英尺（140米）处进行。纳米比亚成为全球领先的海底钻石开采国。这些矿床出产的钻石品质极佳，因为钻石从非洲大陆内部的源岩风化而来，由河流冲到大西洋，再由海浪和沿岸流冲到非洲海岸。经过如此漫长而曲折的旅程，只有品质最好的钻

MV Mafuta，全球最大的近海钻石开采船，纳米比亚近海Lüderitz海湾。乌利齐·多林（*Ulrich Doering*）/*Alamy Stock Photo*

石能留存下来，因此大部分纳米比亚钻石都是宝石级钻石，每克拉平均价值非常高。

纳米比亚大部分钻石开采活动由Namdeb Diamond Corporation公司进行。该公司是纳米比亚共和国政府和戴比尔斯集团按1∶1比例共同持股的合伙企业。2019年，就钻石价值而言，纳米比亚是全球第五大钻石生产国。

刚果民主共和国

刚果民主共和国，原名扎伊尔，通常简称刚果，位于非洲中部。1907年在开赛河及其支流沿岸的奇卡帕地区发现钻石后，该国成为钻石生产国。姆布吉马伊（旧称巴宽加）的矿床出产了更多钻石。该城市坐落于相互连接的钻石管状脉上，主要出产工业级钻石。这里出产的许多钻石都有一层不透明膜。姆布吉马伊钻石矿太大，甚至延伸到邻国安哥拉。该市西部的冲积矿床发现了较高品质的钻石。

2020年，刚果民主共和国是全球第六大钻石生产国。该国出产的大部分钻石为工业级钻石，且该国大部分钻石生产活动由手工矿工进行，而非采矿公司。这为非法走私创造了条件，进而给该国带来极大的政治不稳定性。该国唯一的商业性钻石生产商是Societé Minière de Bakwanga（MIBA），是比利时公司Sibeka和刚果民主共和国的合资公司。MIBA将近80%的股权由刚果政府持有，20%的股权由Sibeka持有。Sibeka的母公司是Mwana Africa PLC，后者负责钻石矿的运营。

刚果民主共和国出产的10.73克拉黄钻晶体。钻石和照片由*The Arkenstone*提供；*乔·巴德*拍摄

安哥拉有记载的最大钻石为2016年2月（2月4日）在Lulo回收的404.20克拉钻石。该钻石以1600万美元的价格售出。图片来源：© *Lucapa Diamond Company Limited*

安哥拉

安哥拉位于非洲大西洋沿岸纳米比亚北部边境和刚果民主共和国以南。1916年还是葡萄牙殖民地的安哥拉开始了钻石开采。1921年，该国冲积矿床出产了10万克拉的钻石，安哥拉成为主要钻石开采国。安哥拉大部分钻石来自该国东北部的北隆达省。

1952年，在安哥拉东北部首次发现金伯利岩管状脉，之后又陆续发现更多管状脉。最大的是南隆达省的卡托卡钻石矿，靠近绍里木市。这座金伯利岩矿场于1997年开矿，后来成为全球第四大钻石矿。卡托卡钻石矿由安哥拉国有钻石公司Endiama、俄罗斯公司Alrosa和中国公司Lev Leviev International共同组建的Sociedade Mineira de Catoca负责运营。

安哥拉最著名的矿场为北隆达省出产高平均美元价值原钻的Lulo冲积矿床。Lulo矿场回收的钻石包括10克拉以上的高品质钻石、高端IIa型钻石，以及粉钻和黄钻。IIa型钻石十分罕见且通常为无色，因为含氮量极少。

2016年2月，Lulo矿场回收了一颗重达404.20克拉的IIa型钻石。这是安哥拉迄今为止发现的最大钻石，并以1600万美元的高价售出。一年后又发现了一颗227克拉的IIa型D色钻石。

Lulo矿场由Sociedade Mineira do Lulo运营，由澳大利亚公司Lucapa Diamond Company和两家安哥拉合伙人——Endiama和Rosas & Pétalas SA共同所有。

2020年秋季，Lucapa Diamond Company公布了一颗15.20克拉心形粉色钻石，此钻石从Lulo矿场发现的46克拉原钻切割和打磨而来。美国宝石学院将其评为浓彩橙粉钻，净度等级VVS$_1$。该原钻还切割出一颗3.30克拉和一颗2.30克拉的梨形粉钻。Lucapa Diamond Company表示，这颗46克拉的粉色原钻是迄今为止在Lulo矿场回收的最大型宝石级彩色钻石。

2020年，由在Lulo矿场发现的46克拉浓彩橙粉色原钻切割而来的15.20克拉心形钻石。图片来源：*© Lucapa Diamond Company Limited*

塞拉利昂

塞拉利昂位于西非西南海岸，东南与利比亚接壤，东北与几内亚相邻。

1930年，在塞拉利昂西部的Yengema-Koidu地区发现冲积钻石。1972年，在Diminco冲积矿场发现了968.90克拉的"塞拉利昂之星"钻石。该钻石由纽约市珠宝商海瑞·温斯顿购买。该钻石最初被切割成一颗143.20克拉的祖母绿形钻石，但由于内部存在瑕疵，进而进一步被切割为17颗更小的钻石。其中有13颗为无瑕钻石，最大的为53.96克拉的无暇梨形钻石。温斯顿将其中六颗钻石（包括最大的那一颗）镶嵌在"塞拉利昂之星"胸针上。

来自坦桑尼亚威廉姆森矿场的高品质钻石晶体。图片来源：© 佩特拉钻石

1948年，塞拉利昂首次发现金伯利岩管状脉。自2003年以来，BSG Resources Limited全资子公司Koidu Holdings SA在Kono区运营了两座金伯利岩管状脉。这个矿区被称为Koidu Kimberlite Project。

坦桑尼亚

坦桑尼亚位于非洲东海岸肯尼亚以南和莫桑比克以北的地区。1940年，加拿大宝石学家约翰·威廉姆森（John Williamson）在南非境外开发了第一座金伯利岩矿场。该矿场被称为威廉姆森（Mwadui）钻石矿。威廉姆森矿场保持着全球时间最长连续经营钻石矿的记录。

2015年11月在威廉姆森矿场发现的一颗23.16克拉粉钻。图片来源：© 佩特拉钻石

该矿场因出产粉钻而闻名，出产了被誉为迄今为止最高品质粉钻之一的54.50克拉威廉姆森粉钻。该钻石于1947年被发现，由

威廉姆森作为结婚贺礼赠予伊丽莎白公主。该钻石被切割为23.60克拉的明亮式钻石，镶嵌在卡地亚设计的花型胸针上。

　　威廉姆森矿场75%的股份由佩特拉钻石持有，25%的股份由坦桑尼亚政府持有。佩特拉计划至少将该矿场运营到2033年。

博茨瓦纳

　　博茨瓦纳西面与纳米比亚接壤，南面与南非相邻，东北与津巴布韦相连。2020年，博茨瓦纳成为全球第二大钻石生产国。经过多年的勘探，戴比尔斯在1967年发现了Orapa金伯利岩管状脉。Orapa金伯利岩管状脉面积达292英亩（118公顷），是戴比尔斯发现的最大管状脉。截至2020年，就可计量储量而言，该矿场是全球第五大钻石矿。Orapa矿场由戴比尔斯和博茨瓦纳政府按1：1比例持有的合资公司Debswana所有。

　　Debswana还持有博茨瓦纳中南部的Jwaneng钻石矿。Jwaneng钻石矿于1982年开始运营，是全球第二大钻石矿（按储量）和价值最高的钻石矿（按价值）。其为博茨瓦纳贡献了60%至70%的收入。Jwaneng矿场完成了一项大规模的扩展工程，将其开采寿命至少延长至2034年。

　　Debswana还持有博茨瓦纳的Letlhakane和Damtshaa钻石矿，是戴比尔斯集团最大的原钻生产商。该公司致力于以安全和负责任的方式进行开采活动，同时注重为矿场周围和全国社区的发展作出积极贡献。博茨瓦纳是一个稳定的多党派民主国家。其利用钻石收入改善全体公民的生活水平。

　　博茨瓦纳还有一座著名的高品质钻石矿场——Karowe钻石矿。Karowe钻石矿由Lucara Diamond所有。Lucara Diamond是一

1,109克拉的"Lesedi La Rona"钻石。
图片来源：© LucaraDiamond

1,758克拉的"Sewelô"钻石。图片来源：© LucaraDiamond

家加拿大钻石开采公司，在博茨瓦纳持有开采许可证。2015年，Karowe钻石矿发现了一颗重达1,109克拉的IIa型钻石，命名为"Lesedi La Rona"。这颗钻石是全球第二大单晶无色原钻，被以5,300万美元的价格出售给伦敦珠宝商Laurence Graff，后来切割出全球最大的302.37克拉D色祖母绿形方钻，命名为"Graff Lesedi LaRona"。除最大的一颗钻石外，这颗原钻还打磨出66颗其他钻石，重量从1克拉到26克拉不等。每一颗钻石均刻上"Graff Lesedi La Rona"字样和美国宝石学院唯一编号。根据美国宝石学院的资料，"Lesedi La Rona"原钻是一颗超深层钻石，形成位置的深度是其他大多数钻石的三倍。Graff将"Lesedi La Rona"其余的碎片捐赠给史密森学会，帮助推进钻石研究。

2019年4月，在Karowe矿场发现了"Sewelô"钻石。该钻石重达1,758克拉，仅次于1905年在南非发现的3,107克拉"库里南"钻石。"Sewelô"钻石表面呈深灰色，于2020年初被出售给路易·威登。

津巴布韦

津巴布韦（旧称罗德西亚）是一个位于莫桑比克以西、博茨瓦纳和南非以北的内陆国家。2006年6月在津巴布韦东部Mutare区发现了Marange钻石矿区。Marange矿区被认为是全球最大的冲积钻石矿床，其中广泛分布着小规模的钻石生产地。该地曾因抢劫和非法采矿问题而备受争议。

津巴布韦中南部的Mazvihwa地区有一个名为Murowa的露天金伯利岩钻石矿。该矿场于2004年开始生产，由RioZim运营。

莱索托

莱索托位于南非国境线内部，被南非环绕。莱索托曾是英国的直辖殖民地巴苏陀兰，于1966年宣布脱离英国，实现独立。2017年，经过选举形成了一个新的民主政府。

莱索托东北部的Letšeng-la-Terai是全球海拔最高的钻石矿（海拔10,171英尺，即3,100米）。该矿场由Gem Diamonds和莱索托政府共同所有。Letšeng钻石矿以出产大型高品质钻石而闻名，是全球每克拉金伯利岩钻石平均价格最高的钻矿。这里出产的著名钻石包括910克拉IIa型D色"莱索托传奇"、603克拉"莱索托诺言"、550克拉"Letšeng Star"和493克拉"Letšeng Legacy"。2020年8月回收了一颗442克拉的II型钻石。Letšeng也出产高品质粉钻和蓝钻。

在距离Letšeng矿场不到3英里（5千米）的位置还有一个名为Mothae的高价值金伯利岩钻矿。Mothae钻矿30%的股份由莱索托政府持有，70%的股份由Lucapa Diamond持有，后者也是持有安哥拉Lulo冲击钻矿的公司。2018年12月，Mothae矿场开始商业运营。第一阶段主要开采上层风化的金伯利岩矿，第二阶段（预计于2021年启动）将开采管状脉下层更加坚硬的未风化金伯利岩。开采出的金伯利岩在现场的加工厂接受加工。该加工厂内配备两台X射线传输钻石回收设备，能够从二次破碎工序中回收IIa型钻石。

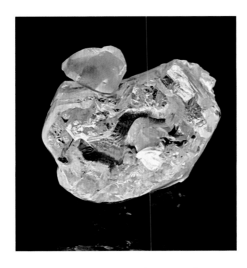

来自Mothae矿场的原钻。图片来源：© *Lucapa Diamond Company Limited*

美国

阿肯色州钻石坑公园是全球唯一一个供游客游览、寻找钻石的公园。游客如果找到钻石，可以自行保留。

1906年，约翰·赫德尔斯顿（John Huddleston）首次在此地发现钻石。当时，这片土地是他的农场。这一事件在周围农村地区掀起了一股钻石寻宝热，并的确发现了四座管状脉。其中两座管状脉还出产了钻石。赫德尔斯顿将该农场出售给Little Rock投资人，但商业钻石开采活动并未带来多大利润。1972年，阿肯色州以75万美元的价格购买了这块地，并将其打造为州立公园和旅游景区。自公园开放以来，来访的游客累计发现了33,000多颗钻石。2015年，一名女士支付了8美元入场费后，在这个公园找到一颗8.52克拉的无色原钻，并将其命名为"Esperanza"。"Esperanza"切割出一颗4.60克拉的IIa型D色内部无瑕钻石。

一名公园管理员在帮助小小探勘者寻找钻石。*阿肯色州公园、遗产和旅游部*

1996年6月至1997年末，科罗拉多州靠近怀俄明州边界的Kelsey矿场进行了商业开采。该地区包括九座金伯利岩管状脉。其中两座进行了露天开采，但现在处于休眠状态。钻石开采成本高昂，因此如果无法从地面进行经济可行的开采，将被保留在原地。

加利福尼亚州、北卡罗来纳州、俄勒冈州、弗吉尼亚州、西弗吉尼亚州和怀俄明州等发现了冲积钻石。W. 丹·豪塞尔（W. Dan Hausel）在其1994年的报告《太平洋海岸钻石：非常规源岩层》（*Pacific Coast Diamonds : An Unconventional Source Terrane*）中写道，在1849年的淘金热期间，淘金者在萨克拉门托东部普莱瑟维尔附近发现了钻石，这是加州首次发现钻石。内华达山脉和太平洋沿岸的河流中也发现过钻石，但量小，未达到商业开采标准。

8.52克拉"Esperanza"原钻。*阿肯色州公园、遗产和旅游部*

俄罗斯

无论从数量还是价值来看，俄罗斯都是全球最大的钻石生产国。

俄罗斯早在1829年就报告发现了冲积钻石，但直到1947年才开始密集的开采。

1954年8月，俄罗斯在西伯利亚萨哈共和国（又称雅库特）东北部首次发现钻石管状脉。该管状脉被命名为"Zarnitsa"，意思是"夏天的闪电"。次年6月，在Zarnitsa以南373英里（600千米）处发现了"Mir（和平）"管状脉，两天后又在Zarnitsa以西11英里（17.5千米）处发现"Udachnaya（幸运）"管状脉。

1957年，俄罗斯的第一座商业钻矿Mir开矿。这是一项巨大成就，因为雅库特全年大约有7个月温度低至–85°F（–65℃），且外界很难进入该地，只能在短暂的夏季通过海运将原材料、设备、

机器从露天矿清理出污泥、碎石和岩石，俄罗斯雅库特Nyurbinskaya管状脉。图片来源：© *Alrosa*

俄罗斯钻石矿发现、开矿和封矿时间线

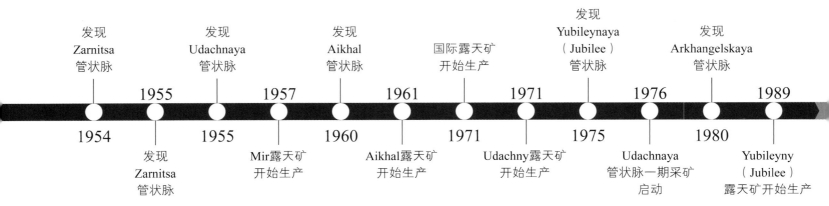

发现
Zarnitsa
管状脉

1955

发现
Udachnaya
管状脉

1957

发现
Aikhal
管状脉

1961

国际露天矿
开始生产

1971

发现
Yubileynaya
（Jubilee）
管状脉

1976

发现
Arkhangelskaya
管状脉

1989

1954

发现
Zarnitsa
管状脉

1955

Mir露天矿
开始生产

1960

Aikhal露天矿
开始生产

1971

Udachny露天矿
开始生产

1975

Udachnaya
管状脉一期采矿
启动

1980

Yubileyny
（Jubilee）
露天矿开始生产

Nyurbinskaya管状脉露天矿周围的一条盘山路，方便卡车进出中央采矿区域。
图片来源：© *Alrosa*

食物和其他物资运送进去。若非如此，只能采用空运。围绕Mir矿场逐渐发展了一个小城，名为"米尔内"，人口约为4万。

如今，大部分俄罗斯钻石矿由Alrosa所有。Alrosa是俄罗斯专业从事钻石勘探、开采、生产和销售的公司集团，成立于1992年2月。彼时，苏联解体才几个月。大约一年后，其全名"Almazi-

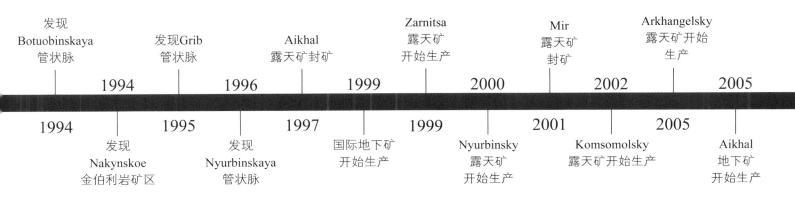

发现
Botuobinskaya
管状脉

发现Grib
管状脉

Aikhal
露天矿封矿

Zarnitsa
露天矿
开始生产

Mir
露天矿
封矿

Arkhangelsky
露天矿开始
生产

1994   1996   1999   2000   2002   2005

1994   1995   1997   1999   2001   2005

发现
Nakynskoe
金伯利岩矿区

发现
Nyurbinskaya
管状脉

国际地下矿
开始生产

Nyurbinsky
露天矿
开始生产

Komsomolsky
露天矿开始生产

Aikhal
地下矿
开始生产

2017年10月在萨哈共和国Ebelyakh冲积矿床发现的27.85克拉粉色原钻。该原钻后被切割成14.83克拉的椭圆形钻石，取名"玫瑰花韵"，如左图所示。图片来源：©*Alrosa*

RossiiSakha"被缩减为"Alrosa"，并创立Severalmaz（南部钻石）子公司，负责监管Arkhangelsk地区的钻石勘探。2011年，Alrosa重组为一家开放式公共股份公司，在金融市场上发售股票。Alrosa总部位于米尔内和莫斯科，但办事处遍布全球。

Alrosa的开采和加工活动主要在俄罗斯两个地区开展：萨哈共和国（雅库特）和俄罗斯联邦西北部的Arkhangelsk地区。该公司在萨哈共和国开采露天矿和地下矿，并在Arkhangelsk地区开采露天矿。

Alrosa的11个原生矿床和13个冲积矿床和加工中心在地理上分为四个开采和加工区，它们为米尔内、Udachny、Aikhal和Nyurba，以及两个子公司，即Almazy Anabara（包括Nizhne-Lenskoye的开采和加工能力）和Severalmaz。各开采和加工区包括多个矿场、加工厂和设备储存区。

在俄罗斯西北部发现了另一个钻石管状脉Grib。该管状脉于

1995年发现，并于2014年开矿。Grib管状脉以在该区域发现钻石的俄罗斯地质学家Vladimir Grib的名字命名，由俄罗斯金融集团Otkritie Holding私人所有。AGD Diamonds负责Grib矿的运营，并将此地出产的钻石销往安特卫普。Grib矿场距离Arkhangelsk首府80英里（130千米），是全球最大型钻石矿之一。

俄罗斯为全球提供了大部分无色或接近无色的钻石，且鉴于澳大利亚的阿盖尔矿场已封矿，俄罗斯有望成为彩色钻石的领先供应国。俄罗斯西北部的 Lomonosov MBD生产了大量的黄色、粉色、紫色、棕色和绿色钻石。

俄罗斯雅库特矿区也发现了彩色钻石，甚至还有很大型的彩钻。如来自Ebelyakh冲积矿床的两个著名代表，其中一颗为2020年8月发现的236克拉黄棕色钻石；另一颗为2017年10月发现的27.85克拉粉色原钻。后者切出14.83克拉的内部无瑕艳彩紫粉色钻石，命名为"玫瑰花韵"，切割和抛光流程持续了一整年。2020年11月，"玫瑰花韵"在苏富比日内瓦拍卖会上以2660万美元的价格成交，创下艳彩紫粉钻石历史最高拍卖价的记录。

除提供大量高品质钻石外，Alrosa还因社会责任传统而备受赞誉。Alrosa为员工提供较丰厚的薪资，为社会服务提供资金，并为在俄罗斯边远地区其业务所在地践行严格健康、安全和环保标准。

澳大利亚

1851年，新南威尔士州首次发现冲积钻石。1895年，西澳洲首次发现冲积钻石。1972年，西澳洲开始钻石勘探，并于1976年在西澳洲艾伦代尔地区首次发现钾镁煌斑岩管状脉。三年后，在西澳洲最北部金伯利高原发现了阿盖尔矿场。阿盖尔矿场建成于1983年，是澳大利亚的第一座大型钻石矿，并于1985年成为全球最高产的钻石矿（按产量）。在1994年巅峰时期，阿盖尔矿场生产的钻石占全球总量的40%。

根据《宝石和宝石学》2001年春季刊，阿盖尔原钻平均重量低于0.10克拉，但却发现了重达42克拉的晶体。超过60%的阿盖尔晶体为不规则形状，25%为三角薄片双晶钻石。其中大约72%为棕色，其余大部分为黄色至接近无色或无色。阿盖尔矿场所有人力拓将其棕色至浅棕色钻石美化成"白兰地"和"香槟"色，并成功售出。这些原钻主要在印度完成加工，并销往世界各地用以制作经济型首饰。

阿盖尔出产钻石中只有不到1%为罕见粉色、红色、灰蓝色或绿色钻石，但其出产的粉钻数量之多足以使其成为以粉钻闻名的矿场。阿盖尔采用四个基本类别：粉色、紫粉色、棕粉色和粉"香槟"，来划分钻石颜色等级，用从"非常微弱"到"非常浓烈"来表示颜色浓度范围。

2020年，力拓关闭阿盖尔矿场。但在其启动这个项目很久以前就已同政府、原住民和当地社区共同计划要以持续惠及当地社区居民的方式封矿。例如该公司已经在恢复矿区土地并补种植物，也为当地劳动群体提供了职业支持和培训，帮助其适应新的工作。完成最后一批钻石生产后，力拓预计将耗费五年的时间进行矿场退役、设备拆除和土地恢复，之后还将在一段时间内进行监测。监测期间将继续雇佣人员。

Gems by Pancis制作的钻戒上的阿盖尔粉钻。图片由*Gems by Pancis*提供

阿盖尔棕色钻石三角薄片双晶。晶体和图片由*The Arkenstone*提供

一颗艳彩紫粉色阿盖尔钻石。图片由*Namdar Diamonds*的乔·纳姆达提供

镶嵌在一颗浓彩粉钻周围的阿盖尔粉钻。戒指和图片由*Gemsof Note*的布莱恩·丹尼（*Brian Denney*）提供

距离阿盖尔西南248英里（400千米）处是以黄钻著称的艾伦代尔矿场，2002年开矿，2015年封矿。两年后，澳大利亚采矿公司India Bore Diamond Holdings（IBDH）在该地启动钻探和挖沟项目，以寻找古代冲积沙砾层。在这些冲积沙砾层，地面49英尺（15米）以下的位置埋藏着钻石。

2020年8月，IBDH宣布其近期在艾伦代尔发现了罕见黄钻的大型冲积矿床。许多此类钻石在紫外光下散发出独特的紫色荧光。其希望在艾伦代尔的新一轮勘探能够发现新的澳大利亚彩钻矿源，同时为当地创造就业机会。

加拿大

1998年，加拿大第一个钻石矿场——Ekati钻石矿开矿。Ekati钻石矿位于加拿大西北部边远地区的北极冻原，在最近的供应站耶洛奈夫东北186英里（300千米）处，北极圈以南124英里（200千米）的位置。该地只能通过飞机到达，或者在地面结冰后从陆路进入。尽管如此，此地依然每天24小时、全年365天地开采和加工，全年无休（新冠疫情期间除外）。

澳大利亚勘探和开采公司Broken Hill Proprietary Co.（BHP）早在加拿大政府批准开采前就已开始对当地进行了环境调查，证明开采活动不会给该地的自然资源造成破坏。加拿大政府还要求BHP雇佣加拿大工人参与此地的钻石分拣、分级和抛光工作。2013年，BHP将该矿场出售给Dominion Diamond Company，后者于2021年2月将其转售给Arctic Canadian Diamond Company Ltd.。预计开采作业将至少持续到2030年。

2003年，加拿大开始经营第二个钻石矿Diavik。Diavik矿位于

Ekati西南19英里（30千米）的位置，共有四个金伯利岩管状脉。Diavik钻石矿由力拓运营，由Diavik Diamond Mines (2012) Inc.（力拓全资子公司）和Arctic Canadian Diamond Company Ltd.按6：4的比例持有的合资公司所有。预计Diavik矿场的开采将持续到2024年。

Ekati矿场冬季鸟瞰图。*Heavily Meditated / Shutterstock*

加拿大钻石矿场发现、开矿和封矿时间线

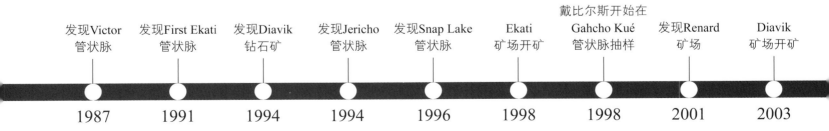

发现Victor 管状脉	发现First Ekati 管状脉	发现Diavik 钻石矿	发现Jericho 管状脉	发现Snap Lake 管状脉	Ekati 矿场开矿	戴比尔斯开始在 Gahcho Kué 管状脉抽样	发现Renard 矿场	Diavik 矿场开矿
1987	1991	1994	1994	1996	1998	1998	2001	2003

根据《宝石和宝石学》2016年夏季刊，Diavik金伯利岩管状脉中含有超高等级的中到高价值钻石。其中主要为无色晶体，但也发现了棕色和少量黄色钻石。2018年10月，Diavik矿场发现了一颗重达552克拉的黄色钻石，足足有鸡蛋大小，创下北美发现的最大钻石记录。

Snap Lake矿场位于Diavik和Ekati以南不到62英里（100千米）。2008年1月，戴比尔斯在Snap Lake开始钻石生产，但因为水资源问题和利润不高，便在2015年关闭了这个矿场。这是加拿大的第一个全地下钻石矿，出产了780万克拉钻石。

2008年7月，戴比尔斯在安大略省北部开始经营Victor矿场。Victor矿场发现的最大钻石为271克拉的原钻，切割为一颗102.39克拉的D色无瑕椭圆形钻石。2020年10月，这颗钻石在苏富比香港网上拍卖会上以1568万美元的价格出售，打破2020年7月28.86克拉钻石2100万美元的网上钻石拍卖价格记录。除创下网络拍卖价格最高纪录外，这颗102.39克拉的钻石也是加拿大迄今为止售出的最昂贵钻石，包括通过各种渠道售出的钻石。它的日本买家

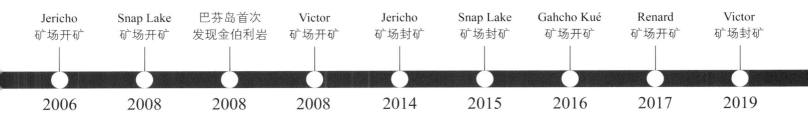

Jericho 矿场开矿	Snap Lake 矿场开矿	巴芬岛首次 发现金伯利岩	Victor 矿场开矿	Jericho 矿场封矿	Snap Lake 矿场封矿	Gahcho Kué 矿场开矿	Renard 矿场开矿	Victor 矿场封矿
2006	2008	2008	2008	2014	2015	2016	2017	2019

以自己二女儿的名字将其命名为"爱美星"（Maiko Star）。

Victor钻矿于2019年5月结束生产，累计回收810万克拉的钻石。自2014年开始逐步复垦以来，到2020年底，近40%的矿区已经恢复，种植了120多万棵树。预计矿区复垦将于2024年完成。

加拿大另一个钻石来源是魁北克中东部的Renard钻石矿。Renard钻石矿由Stornoway Diamond Corporation全资持有，于2017年1月开始商业生产。2020年新冠疫情突发，导致Renard矿场经营中断六个月。预计其开采寿命为25年。

2008年，BHP Billiton和Peregrine Diamonds在努勒维特巴芬岛勘探过程中首次发现金伯利岩。之后陆续发现了70处金伯利岩，统一称为Chidliak钻石项目（或Chidliak）。2011年，BHP将其在这个项目的51%股权出售给合伙人Peregrine Diamonds。Peregrine又在2018年9月将Chidliak转让给戴比尔斯加拿大公司（De Beers Canada）。

加拿大生产的钻石在加拿大人和关心环保和人权的钻石消费者中十分受欢迎。加拿大开采的许多钻石都评定了等级，且通过激光将钻石报告编号和交易标志（如枫叶、北极熊和加拿大标记）印刻在钻石腰部。这些工作旨在让买方确信其购买的钻石的确来自加拿大，以及钻石的质量与实验室报告上的等级相符。加拿大钻石通常具有很高的品质，因此平均每克拉价格较高。

Chidliak钻石项目探索营，2019年。图片来源：© 戴比尔斯集团

3 钻石开采和加工

最初，人们在河床上手工淘洗钻石。这种开采方式今天依然存在，但也逐渐发展出新的开采方法，且根据不同的钻石位置，开采方法也不同。本章将探讨四种钻石开采方法：冲积矿床开采、海洋开采、露天开采和地下开采。

冲积矿床开采

在1869年南非发现金伯利岩钻石管状脉之前，所有钻石均在冲积层发现，即三角洲的淤泥、沙子和砾石，干涸的河床和流动的河流和小溪。这些钻石被称为冲积钻石，而相应的开采方法为冲积矿床开采。这种方法分为两类：湿挖和干挖。

湿挖（即淘洗）指的是从河中挖出沉积物和小石块，在水中淘洗。这种方法是从淘金者那里借鉴而来的。有关这种方法的记载可以追溯到古罗马。首先，矿工会在河床上确定一片区域，认为这片区域的砾石中可能存在钻石。之后，他们将淘盘装满砾石和水，来回摇晃淘盘，将较重的物质筛到下部，较轻的物质逐渐移动到淘盘上层。此时，矿工将较大的石块捡出。他们会不断重复这个过程，直到淘盘中剩下的物质中出现钻石或其他宝石。

有时候，矿工会潜到河底挖掘沉积物，再回到河面淘洗寻找钻石。矿工也会使用大型的篮子和圆形筛淘洗河里挖掘的砾石。他们旋转筛子，漏出较小的砾石，筛子里留下的是较大和较重的石块。之后，矿工徒手拨弄剩下的材料寻找钻石。

湿挖方法在塞拉利昂、安哥拉、津巴布韦、印度尼西亚和刚果民主共和国仍在使用。

干挖方法适用于干涸的河床。使用这种方法时可能需要修建大坝实现河道截流，形成干涸河床，以便矿工寻找宝石。只要有含钻石的干涸河床，就可以使用这种方法，可以用镐头、铁锹和筛子进行手工开采，或者使用大型机械，比如推土机。

并非所有的冲积矿床开采都是小规模作业，也有机械化的大规模作业、回收和筛选。有时候，矿工使用大型设备将含有钻石的泥土运送到加工厂。加工厂通过一系列的筛选机器将钻石与废料分离，再将钻石装入淘盘。最后一步可能包括移动润滑脂皮带或润滑脂工作台。将钻石和其他物质置于涂满润滑脂的表面，向其洒水。钻石的天性是亲油和疏水性的，因此钻石会黏在涂脂表面，其余矿物质和杂质则被水冲走。之后，将冲积原钻进行分类。

塞拉利昂Kono区的一名矿工使用筛子寻找钻石。*Des Willie / Alamy Stock Photo*

塞拉利昂手工矿工潜入塞瓦河底寻找钻石。*Laurent Cartier*拍摄

塞拉利昂一名手工矿工用相机记录下他找到的一颗钻石。图片来源：© De Beers GemFair

在不同国家采用冲积矿床开采方法寻找钻石，通常冲突是难以避免的，特别是对于独立作业的手工矿工而言。采掘工作辛苦，如果找到了钻石，矿工当然值得有一笔丰厚回报来养家糊口。一些公司也在加大力度为他们提供帮助。

为帮助手工矿工获得公平待遇，并确保以道德的方式出售他们的钻石，戴比尔斯公司在塞拉利昂启动了GemFair试点计划，通过数字技术帮助手工和小规模矿工进入全球市场，并确保实施道德的工作标准。GemFair项目为矿工提供采掘技术和商业技能培训。他们还可以在该项目的手机应用软件学习钻石专家的教程。矿工获得了公平的回报。GemFair还帮助矿工以数字方式记录他们在注册矿场发现的钻石，便于他们跟踪钻石从矿场到市场的流通过程。如果这个试点计划在塞拉利昂顺利运行，戴比尔斯希望将其扩大到其他国家。

海洋开采

海岸线或近海区域的钻石矿区被称为海洋矿床。最大的海洋矿床位于纳米比亚和南非的大西洋海岸，奥兰治河以北和以南。这些地区发现的钻石矿床是金伯利岩管状脉侵蚀的结果。当暴雨来袭，会将裸露的钻石冲刷到河道和海岸。主要有四个因素会影响海洋矿床的分布：

◆ 海面升降：在过去1亿年间，海面曾低至目前水平的1,600英尺（500米）以下，也曾高出目前水平980英尺（300米）。这就意味着，钻石可能存在于目前海面以上和以下的多个不同层面。

◆ 洋流：洋流将沙子和钻石从奥兰治河入海口向东推送。同时，洋流又形成一堵"墙"，防止钻石被推到大海中央。

◆ 钻石大小：越小和越轻的钻石在海中飘移的位置越远。奥兰治河入海口附近的钻石平均重量为1.5克拉，而其北部距其125英里（200千米）的位置发现的钻石平均重量只有0.1克拉至0.2克拉。

◆ 海浪：海浪的拍击，将钻石送入海岸的缝隙中。从缝隙中取出这些钻石需要用到专门的工具和方法。有裂缝的钻石顺着奥兰治河经过一路磕绊来到海岸的过程中通常会断裂成多个没有裂缝的钻石。纳米比亚发现的钻石90%至95%都是宝石级。

纳米比亚海岸的海洋开采作业。有时候，工人们使用大型真空机将松散的矿物质直接运送到加工厂。图片来源：© *Namdeb Diamond Corporation*

在不同区域和条件下发现海洋钻石，采矿公司会使用不同方法开采这些钻石，包括调整后的冲积矿床开采，潜水员潜水开采，利用大型真空机采集沙土并运送到加工厂，以及利用高科技船舶进行深海开采。

深海开采在海底进行。通常使用液压抽吸系统或连续戽斗链来采掘钻石。连续戽斗链是最常用的。它就像是从海底到海面的一条传送带，船只或矿场在这里提取宝石，再将剩下的沉积物返回海洋。

露天开采

露天开采指的是通过挖掘方法开采地壳钻石管状脉中的钻石，最终形成一个矿坑。这种方法最初在开采钻石管状脉时得到应用。但在开矿前需要确定管状脉的位置并实施开发。这个过程可能会耗费数年的时间和数百万美元的资金。

例如，勘探者查克·菲克（Chuck Fipke）和斯图尔特·布鲁森（Stewart Blusson）历时10年才于1991年在加拿大Ekati矿床发现了第一批含钻石的金伯利岩。之后又花了七年进行矿场开发和环境考察，以向加拿大政府证明对该矿场的开采不会对当地自然资源造成破坏。Ekati矿场终于在1998年得以开矿，成为加拿大的第一个钻石矿。

露天矿的挖掘，第一步通常是移除管状脉上覆盖的泥土、沙子、砾石或岩石等上层覆盖物。移除这些物质后，通常会对这些覆盖物进行处理，以便找出其中可能含有的钻石。之后以炸药将钻石管状脉中的矿石炸松，再利用液压挖掘机和大型运矿卡车运出松散物质。至此，露天矿场便开发完成，沿着管状脉的轮廓形成一个倒立的锥形体。矿坑壁做成阶梯状，可以防止岩石掉落，也为运矿卡车提供了进出矿坑的道路。卡车将岩石运送至加工厂，加工厂从矿石分离和回收钻石。

许多国家规定，露天矿在封矿后须恢复至初始状态。在西澳

卡车在移除金伯利岩管状脉上覆盖的泥土、砾石和岩石。图片来源：© Alrosa

从直升机上俯瞰俄罗斯雅库特的
Nyurbinskaya管状脉露天矿场。一层层
环形盘山路螺旋上升，为卡车进出中央
采矿区提供通道。图片来源：© Alrosa

通过爆破作业，将Nyurbinskaya管状脉
内的矿石炸松。图片来源：© Alrosa

68 钻石的历史

金伯利大洞矿坑。如今，这里是南非著名的旅游景区之一。*Vladislav Gajic / Shutterstock*

Finsch矿场恢复前后的景象。图片来源：©佩特拉钻石

洲阿盖尔钻矿2020年封矿之前，采矿公司力拓便已开始在此地恢复土地和种植植被。戴比尔斯将南非金伯利矿场开发为旅游景区大洞矿场（Big Hole），为金伯利市的居民提供了工作岗位，创造了收入。未来加拿大西北的Diavik矿场封矿时，将拆除现场的建筑物，不留一点痕迹，并将重新筑起路堤，脂肪湖（Lac de Gras）的水将回流到露天矿坑。

南非法规规定，任何矿场在规划阶段就必须提出封矿方案。2017和2018年，佩特拉钻石对Finsch矿场附近的Old Paddocks区域进行复垦，这个区域曾用作煤泥（废料）处理。此项工作帮助Finsch矿场的恢复责任减少了75万美元以上。左边两幅图显示了2020年11月复垦工作的成果。

一些采矿公司通过调查研究矿场周围的动植物，再采取措施建立保护区，保护濒危物种和当地植被。例如坦桑尼亚威廉姆森

南非库里南矿区自然保护区的斑马。图片来源：© 佩特拉钻石

Living Diamonds雅库特自然公园的雅库特马。图片来源：© Alrosa

矿场保留了2,239英亩（906公顷）的大片森林，保护了多种不同树木（主要为本地树木）和动物。

戴比尔斯在南非Venetia矿场周围建起了林波波河自然保护区（Limpopo Nature Reserve）。该保护区是钻石之路（Diamond Route）的一部分。钻石之路是戴比尔斯和Debswana持有和管理的生物多样性保护区和自然保护区系列项目，覆盖南非495,000英亩（20万公顷）的土地。

佩特拉钻石在南非Finsch和库里南钻矿修建了游乐场。游乐场由围墙围起来，与矿区进行分隔，并由独立部门负责管理。这些部门的负责人通常是公司指定的代表。

Alrosa在俄罗斯米尔内修建了Living Diamonds雅库特自然公园，并发起生态多样性恢复计划，将海狸、麝牛、牦牛和野牛种群引进雅库特。这些动物在这个极北地区繁衍生息，这个公园已成为本地节日的主要旅游目的地和儿童夏令营营地。

地下开采

俄罗斯2,067英尺（630米）深的Udachny露天矿坑。在如此深的地方，运出岩石并获取新矿石的成本极其高昂。因此，直接进行地下开采更具有经济效益。

在地下矿场内，会在钻石管状脉内部和周围打造很多竖井和水平隧道。在管状脉附近的稳定岩石中钻出竖井，方便人员、物资和设备的运输以及通风。水平隧道连接竖井和管状脉，用以采掘金伯利岩。也可使用隧道掘进机。矿石被倒在电力车上，再倾倒在地下破碎机上。传送系统将破碎机中的矿石运送至铲斗，铲斗通过竖井将矿石运出供进一步加工。

隧道掘进机，用以开凿通往地下矿场的隧道。图片来源：© *Alrosa*

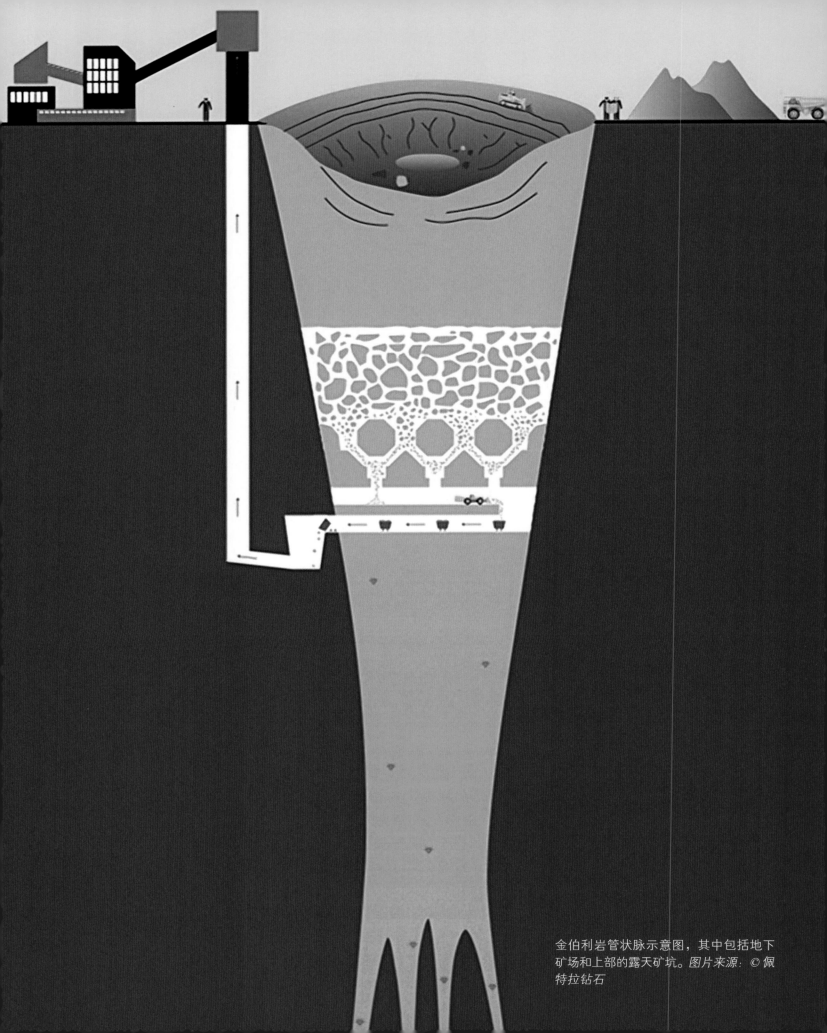

金伯利岩管状脉示意图，其中包括地下矿场和上部的露天矿坑。图片来源：© 佩特拉钻石

金伯利岩矿石离开矿场后，将进入钻石提取工序——回收。矿石最初是大块岩石，须经过系列的破碎和洗涤操作，转化为小碎块。在粗碎站完成破碎后，矿石将进入洗涤器，清除泥土和黏土颗粒，之后倒在筛子上筛选。大于筛子空隙的砾石将再次进入破碎站进一步破碎成小颗粒。较小的砾石将从筛子漏出，进入下一道工序——重介质分离。在这个过程中将使用硅铁粉在水中形成一层密度大于水的悬浮体。将砾石注入这个悬浮体，含钻石的砾石较重，将沉底并进行分离。

重介质分离完成后，采用润滑脂皮带、润滑脂工作台和/或X射线机器将钻石从砾石提取出来。许多钻石在X射线的照射下会发出荧光，因此可以识别出钻石，完成最后的回收。将矿石碎薄薄地铺在传送带上从密集X射线术前经过，钻石晶体发出的荧光会触发空气喷发，推动石块与矿石分离，进入收集箱。

但一些钻石，特别是价值更高的II型钻石在X射线的照射下不会发光，因此只能采用润滑脂工作台来回收。由于钻石是疏水性（排斥水），因此将黏着在油脂上，其余物质将被水冲走。

现在，X射线透射分拣取代了重介质分离工序、润滑脂工作台和X射线发光分选，因为能更有效地防止大钻石破碎。由于X射线透射能根据具体原子密度探测和分离矿石，甚至能探测出包裹在膜下和没有荧光的钻石。在博茨瓦纳Karowe钻石矿回收的"Lesedi La Rona"和"Sewelô"钻石（参见第50—51页）就是通过X射线透射技术发现的。在地下开采初期，开始生产前需要大力投资基础设施和矿区开发。但竖井和隧道建好后，就可以开始经济高效的自动化开采。

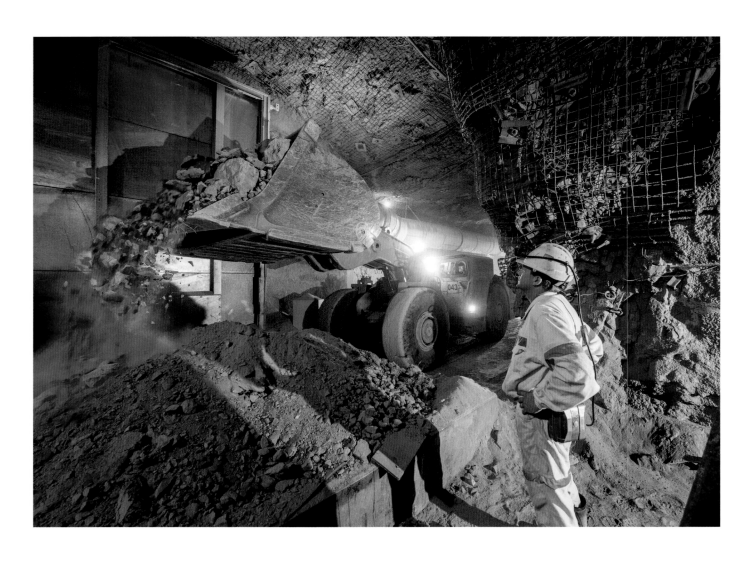

南非Finsch矿场的装载机在收集矿石。矿石将运到破碎机上破碎。图片来源：© 佩特拉钻石

卡车在Finsch地下矿场运送矿石。图片来源：© 佩特拉钻石

Finsch矿场地面工作人员对传送带进行常规检查，以确保最大限度减少生产延误情况。图片来源：© 佩特拉钻石

坦桑尼亚威廉姆森工厂重介质分离洗涤筛筛选砾石。图片来源：© 佩特拉钻石

威廉姆森工厂润滑脂工作台，用于二次回收。图片来源：© 佩特拉钻石

南非Finsch回收工厂的分拣员利用专门设备确保正确和及时地对原钻进行分类回收。图片来源：© 佩特拉钻石

钻石分拣

原钻从矿石分离出来后，将交付给分拣专家。分拣专家对钻石进行分类，并确定价值。根据原钻的形状、大小、颜色和净度将其分拣到不同的类别，但各类别内部的钻石也会因为各种原因而价格参差不齐。也就是在这个环节将宝石级钻石与小型的低品质工业钻石相分离。工业钻石也称次等金刚石，被用在钻头和切割设备上。近年来，工业钻石也出现在设计师珠宝上。

原钻分拣完成后，将以多种方式分配至切割中心和公司。一些钻石开采公司有自己的切割工厂。原钻还可能出售给钻石开采国境内的切割工厂。戴比尔斯在"看货会"上将原钻出售给看货商。看货商是有资格从戴比尔斯直接批量购买钻石的少数钻石公司。此外，安特卫普、特拉维夫、香港、纽约和孟买等城市的钻石交易所也会出售原钻。大型高品质原钻将以拍卖的形式出售，或私下出售给买家。

下一章介绍了分拣后的原钻到达切割工厂后将如何完成切割和抛光。

工人们在显微镜下利用透射光逐一分析钻石，以检测钻石表面和内部缺陷。图片来源：© Alrosa

原钻分拣特写。图片来源：© Alrosa

在分拣过程中对原钻进行称重。图片来源：© Alrosa

4 钻石切割演变

没人知道谁是第一个对钻石进行造型的人，也没人知道第一颗造型钻石在何时何地完成造型。但钻石首饰历史学家杰克·奥顿（Jack Ogden）称，欧洲钻石抛光和切割可能始于14世纪，但没有充足证据。然而，既然印度是首先发现钻石的国家，那么是否能假设印度也是首先践行钻石切割艺术的地方。但古印度人认为改变钻石形状可能破坏钻石的魔力，因此他们并没有这样做的动机。结果是，在印度，形状好瑕疵较少的透明钻石比畸形钻石更有价值。

大约在14世纪中期，欧洲和印度宝石切割师开始对外形粗糙或边缘破损或尖锐的钻石晶体进行改善。彼时的商队将原钻从印度运往意大利威尼斯。当时的威尼斯已经是成熟的交易中心。最初的切割风格是对最常见形状（八面体，类似两座底部相连的金字塔）的原钻进行基础修改。16世纪的钻石切割工艺，在简单抛光或晶体表面修改的基础上发展成为将钻石切割为新的形状。切割师尝试了多种玫瑰式切割和解理方法，因为这些方法可以增加切面。他们还在早期桌形切割的基础上增加了额外的冠部和亭部切面，创造了一系列新型切割方法。桌形切割指的是在八面体亭部进行平切。在探讨钻石切割技术如何从简单修改原钻外形发展到现代明亮式切割之前，首先了解钻石的晶体结构和现代钻石切割风格工艺是有帮助的。

晶体结构和切割

了解晶体结构对钻石的影响，对切割师而言非常重要。钻石的立方晶系有四个方向，是钻石分子排列中最薄弱的点。在这些方向，碳原子更少，空间更大。因此，如果敲击位置准确，将形成平行于这些方向的平整断面。这些方向被称为解理方向。

钻石中原子紧密结合的部位几乎是坚不可摧的。这些部位更加坚硬，因此不适合从这些部位进行锯切和抛光。

切割师通过解理将畸形钻石晶体分为多个可操作形状，将大部分内含物去除，进而增加钻石净度和提高成品钻石的价值。

部分钻石晶体包含两到三个单独部分。这些部分有着共同的原子面，但排列方向不同。这些部分被称为成对晶体。最常见的钻石孪晶是三角薄片双晶，后文将详细探讨。

形状是决定可切割原钻价值的一个重要因素，因为形状决定了最终的产出。钻石形状太过重要，切割师还为此创造了专业术语来描述原钻的潜力。

"可锯钻"指的是如果将钻石割为两块，将收获更多克拉数的原钻。切割师认为"八面体"是可锯钻，也是最昂贵的钻石形状。八面体可以切割出两块圆形明亮式切割钻石或公主方切割钻石。

"颗粒钻"指的是仅需要抛光的不规则钻石形状，无需锯切、劈裂或割裂。最终的形状是"单石"，通常与原钻形状类似。单石形状的产出低于可锯钻。

"可割裂钻"（也成"解理钻"）指的是可以通过镭射或劈裂分成多个较小但价值较高的部分的原钻，包括形状不完美的钻石，以及在某个时间段沿着解理出现裂缝或发生断裂的钻石。埃里克·布鲁顿（Eric Bruton）在他的《钻石》（*Diamonds*，1978年）一书中写道："解理晶形可能是最高品质特大型钻石。例如，如果

钻石八面体（10.82克拉）。钻石由*Pala International*提供；*Jason Stephenson*拍摄

钻石晶体形状如何影响钻石价值

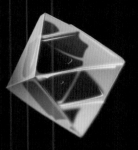

可锯钻
圆形明亮式钻石和
公主方切割钻石

颗粒钻
圆形明亮式钻石

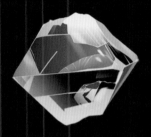

可割裂钻
圆形明亮式钻石和
花式形状钻石

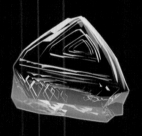

三角薄片双晶
花式形状钻石

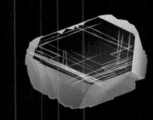

平晶
长阶梯式切割钻石
或类似的

原钻形状决定了成品钻石的大小和形状。相比同等重量的三角薄片双晶和平晶原钻，可锯钻和颗粒钻原钻可以制成更大的成品钻石，利润也更高。图片来自彼得·约翰斯顿 ©美国宝石学院；经许可转载

对'库里南'钻石进行分拣，其等级一定是解理晶形。"解理的形状从接近可锯钻或接近颗粒钻的扭曲或破碎表面到无可辨认晶体特性的不规则钻石凸起。

第四种类别，三角薄片双晶是一种孪生晶体，有两个相对的、晶体形状相同的部分。这两个部分构成60或180度的角度，因此整个结构看起来像扁平的三角形。除相反的晶体方向外，三角薄片双晶也是扁平的，导致切割异常困难。这种晶体中间通常有一个裂缝，即孪晶面。三角薄片双晶通常很薄，如需制成原型明亮式钻石，只能牺牲大部分重量，因此通常制成花式形状，如梨形、三角形或心形。平晶是价格最低廉的原钻类别，形状制作潜力有限。平晶包括片状结晶。片状结晶过薄，无法制作明亮式钻石。

切割师在决定成品钻石形状时，必须同时考虑钻石的适销性和剩余重量。例如，即便一颗形状很好的原钻可以制成一个大型圆形明亮式钻石，但更好的方案可能是将其切割为多颗更小的钻石，因为多颗较小的钻石可能比单颗大钻更容易销售。另一方面，圆形明亮式钻石通常是最适销的形状类别，但可能并非是利润最高的形状，具体应取决于原钻的形状。如果总是将原钻切割为圆形钻石，结果可能会导致损失过多重量。

根据形状将原钻分类后，将进一步按照净度和颜色对其分拣。净度可影响原钻的产出，因为内含物可能导致切割师无法保留最大重量，实现最佳产出。原钻颜色的评估方式和有切面的钻石不同，因为表面纹理或杂质会影响原钻的颜色，并且整个晶体的颜色可能会分布不均。有些钻石会在形状分拣之前进行颜色分拣，特别是彩色钻石。

一颗3.32克拉的无色三角薄片双晶，光泽、透明度和净度堪称卓越。尽管三角薄片双晶的价格通常低于相同尺寸和质量的八面体，但像这样高品质的三角薄片双晶也会备受青睐，并因此卖出较高价格。这种收藏级重量和质量的晶体越来越罕见，且通常都是比较古老的晶体。三角薄片双晶钻石和图片由*The Arkenstone*提供

规划师在确定钻石的最佳切割方式。图片
来源：© *Dharmanandan Diamonds Pvt.Ltd.*

切割流程

　　钻石切割流程分为五个主要阶段：规划、劈裂（锯切）、粗磨（环割）、交叉切磨（刻主面）和刻小面。

　　在规划阶段，规划师需要确定能保留原钻晶体最大价值的切割方案，并在原钻上做切割标记。规划师必须首先明确原钻的晶体方向，并进行适当标记，以便于切割。错误标记可能会导致原钻在切割过程中破碎，或导致产出利润降低。理解这一点后，就可以确定是通过解理（割裂）切割钻石，还是锯切（机械或镭射切割），或是保留单颗钻石。如今，人们采用专业的软件和计算机（包括内外部扫描和映射系统）进行钻石切割规划。宝石实验室也通过此类系统（如外部扫描仪）对钻石的切工质量和对称度进行分级。

一名规划师利用氦气机分析钻石。图片来源：© *Dharmanandan Diamonds Pvt.Ltd.*

钻石模型特写，显示了原钻的可能切割方案。图片来源：© *Dharmanandan Diamonds Pvt.Ltd.*

工作人员根据钻石建模软件监控激光和切割钻石。图片来源：© *Dharmanandan Diamonds Pvt.Ltd.*

刀片对原钻进行机械锯切。图片来源：
© *AsianStar Group*

传统抛光轮。图片来源：© *Asian Star Group*

一名工人利用巨型轮抛光钻石。图片来源：© *Asian Star Group*

第二阶段为原钻割裂或锯切，将原钻切为更好看的形状，去除内含物，或制成制作工具的碎片。"劈裂"指的是用劈刀上的锥子沿着纹理敲击，进而将钻石劈成两半。"锯切"指的是用带钻石粉末的刀片从非解理部位将钻石切开。

20世纪前后推出的旋转式钻石锯帮助切割师将一颗原钻切割为多颗钻石，而不是像过去那样将原钻磨成一颗钻石。旋转式钻石锯还有助于最大限度地保留原钻的重量。20世纪70年代后期发明了激光锯，用激光束取代金属锯片。激光照进原钻，通过燃烧和蒸发在原钻上形成一条狭窄的通道。激光锯比机械锯更加高效，用途也更广，是目前最优选的钻石切割方法。

经过劈裂后，将钻石相互摩擦，以形成预期形状和腰部轮廓（钻石周围的狭窄边缘）。第三阶段是粗磨或环割。20世纪80年代末发明了无需过多人监控的自动粗磨机。一名有经验的切割师可以同时监控和调整多个自动粗磨机，也可同时粗磨两颗钻石。两颗钻石相互打磨，最终形成更加一致的圆度。1992年发明了激光粗磨机，主要用于花式切割，因为这种机器可以制成更加精准和对称的形状，如心形、椭圆形、榄尖形、梨形等。

第四个阶段是交叉切磨（刻主面）。过程中，专业人员（blocker）刻出桌面的17或18个切面、冠部的八个切面、亭部的八个切面，有时候会切一个底尖。再将钻石靠在带钻石粉末的旋转铁轮或水平旋转圆盘——磨光盘上研磨。

工人们在监控自动抛光。图片来源：
© *Dharmanandan Diamonds Pvt.Ltd.*

工人用抛光轮打磨冠部和亭部。
Dharmanandan切割中心95%的生产是手动完成。图片来源：© *Dharmanandan Diamonds Pvt.Ltd.*

　　刻主面时必须十分谨慎，因为这一步决定了钻石的基本对称性。如果刻完主面的钻石不均匀，或冠部和亭部切面在腰部不一致，则必须重新刻主面，会导致重量损失。

　　最后对明亮式钻石的最终40个切面进行刻小面。美国宝石学院和许多钻石商将刻主面和刻小面的过程称为抛光。

切割机器进步

15世纪首次推出磨光盘。工人们通过推拉一根杠杆旋转驱动轮，以轮旋驱动钢或铁质的磨光盘。

16世纪30年代引入（使用水车的）水力，但许多磨光盘依然使用人工转动磨轮。到19世纪初，阿姆斯特丹出现了几个用马拉的磨光盘，1840年引入了蒸汽动力。之后很快出现了很多大型切割工厂，利用中央蒸汽机同时驱动一组磨光盘。18世纪早期巴西出产的钻石是这些工厂的钻石来源，并推动了建造更大钻石切割工厂的热潮。就在巴西钻石供应量逐渐减少时，南非发现了钻石。

19世纪90年代中期，第一台钻石切面夹获得了专利。它的钢嘴牢牢夹住钻石，便于切割师在切刻过程中调整钻石的位置。到20世纪，城市地区开始用电。钻石工厂则利用电力驱动锯切、粗磨和抛光机器。

20世纪初发明了回转式锯，在现代圆形明亮式钻石的发展过程中发挥了主要作用。切割师利用回转式锯将八面体切割成两颗桌面更大、冠部更浅的钻石，同时尽可能减少重量损失，因为通过回转式锯可以将八面体的尖端切割成一颗成品钻石，而不是磨掉。

传统钻石切割师会决定最佳的抛光方向，以确定钻石切割方向。有时候需要抛光切面，再停下来检查抛光是否成功。这种情况在自动抛光机（如20世纪70年代初，戴比尔斯研发的Piermatic钻石抛光机）问世后得到改善。一名操作员可以在一台自动抛光机上同时对多颗钻石进行抛光，也可以同时操作多台自动抛光机。

今天，钻石切割不仅可以机械操作，还实现了数控操作。成像软件利用弱激光能够读取原钻的整个表面，进而帮助切割师确

上图刻画了19世纪一间钻石工厂的工人在手工抛光钻石。*Historical Images Archive / Alamy Stock Photo*

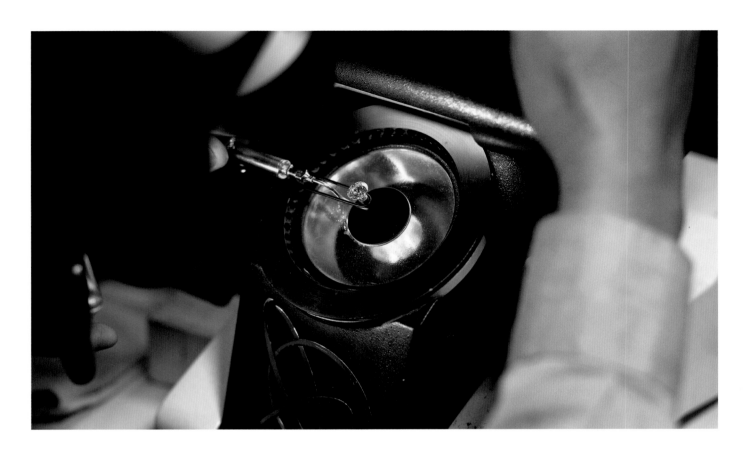

定如何切割钻石才能保留最大重量和实现最佳质量。现代钻石切割技术提高了效率，也实现了传统切割方法无法实现的精确度和对称性。但依然需要人工确定切割和抛光是否成功，并检查钻石净度。小型低品质钻石通常采用自动抛光。大型高品质钻石依然需要人工在计算机辅助技术的支持下来确定切割和抛光方法。

一名工人通过质控显微镜检查新抛光的钻石的切工和净度。图片来源：© *Dharmanandan Diamonds Pvt.Ltd.*

工人对完成抛光的钻石进行质控。图片来源：© *Dharmanandan Diamonds Pvt.Ltd.*

切割钻石部位

桌面

冠部视图

腰部 —

冠部

亭部

侧面视图

底尖

亭部视图

艺术家珠宝商Todd Reed打造的戒指上的尖琢型切割锯切八面体。*Azad拍摄*

钻石切割方法的发展

　　最初的切割风格是对典型的原钻形状进行简单地修改，如八面体。将原钻在涂有钻石粉末和橄榄油的板子上打磨，形成光滑表面。科技的进步帮助切割师更有效和更灵活地控制钻石切割，切割技术越发成熟，工艺越发精湛，成就了今天钻石的闪耀和魅力。

尖琢型切割

　　尖琢型切割是最早期的钻石切割风格，在14世纪到16世纪大受欢迎，在当代珠宝首饰中也能看到这种风格。采用这种切割方法时，将钻石放在铺上钻石粉末和橄榄油的静止抛光表面进行打磨。由于原子结构方向的原因，通常无法打磨钻石八面体晶体，因此切割师只能从完全不同的角度切开钻石来实现光滑表面。这

来自安哥拉Lulo钻石矿的黄钻八面体。晶体和图片来源：© Lucapa Diamond Company Limited

透明八面体钻石晶体。图片来源：© Gem Lab的保罗·卡萨里诺（Paul Cassarino）

就是为什么尖琢型切割钻石的角度低于或高于自然八面体的角度。早期的真正尖琢型切割是对不完美或表面有损伤的钻石八面体的重新切割，再打磨形成完美的双金字塔形状。尖琢型切割与自然八面体相比边缘更锋利，角度也不同。一般不认为自然八面体是尖琢型切割。

桌形切割

桌形切割钻石为八面体，顶点被压扁成方形的面，称之为"桌面"。底端通常也被去除，形成一个小小的方形或长方形切面，称之为"底尖"。这样一来，钻石就有10个切面：冠部（顶部）有五个面，亭部（底部）也有五个面。从正上方看桌形切割钻石，能看到一个格子套一个格子。桌形切割方法大大增加了观者可见的钻石光芒，因此这种钻石比尖琢型切割钻石显得更亮。当钻石顶部的尖端经过长期正常佩戴被磨损后，对桌形切割钻石进行重新造型，在顶部切出一个平整"桌面"，形成更好看的桌形切割形状。桌形切割和尖琢型切割是16世纪和17世纪的主流钻石首饰切割方法，在18世纪也偶有应用。桌形切割存在多种变体，如长方形桌面，即钻石晶体的解理晶形。

有些人认为肖像切割是桌形切割的变体。与其他老式切割方

18K黄金钻石十字吊坠项链的上部和下部特写（约1730年），钻石采用玫瑰式切割和桌形切割方法，另搭配碎钻片（有几个切面的小钻石碎片）。吊坠和照片由*Adin Fine Antique Jewellery*（*AntiqueJewel.com*）提供

乔治王时代十字吊坠的正面和背面，嵌有玫瑰式切割钻石和桌形切割钻石（约1750年）。玫瑰式切割钻石有叶形装饰，这种方法在18世纪很常见，用以改善钻石的外观。底座为18K玫瑰金。业内人士认为这块吊坠为法国或比利时人制作。

艺术装饰风格的肖像钻戒，点缀着绿宝石，边缘是一圈圆形明亮式钻石。戒指来自*GeorgianJewelry.com*；扎卡里·米亚尔（*Zachary Mial*）拍摄

法相同，肖像切割在古董和当代珠宝中都得到了应用。肖像切割钻石非常薄，最初只在一个非常大的桌面边缘有一排切面，整个结构看起来像一片玻璃。历史上的肖像切割钻石是用来增强和保护袖珍画的，就像是画作外的一面窗。现代设计师也会设计肖像切割钻石，但通常会采用多排阶梯式切割切面，且钻石下面也不会放照片或画作。这种切割钻石通常缺乏亮光，但深受追求低调优雅首饰的人士喜爱。除展示非凡的钻石净度外，肖像切割钻石还兼具复古和现代风格特征。

阿努普·杰盖尼（Anup Jogani）打造的当代肖像切割钻戒。图片由阿努普·杰盖尼提供

一枚银黄相间的金戒指上的玫瑰式切割钻石，有叶形装饰，1700—1740年。戒指来自 *GeorgianJewelry.com*；扎卡里·米亚尔拍摄

一枚乔治王时代的戒指上的淡绿色玫瑰式切割钻石，周围点缀着八颗桌形切割钻石（约1750年或更早）。各个钻石紧凑排列，看似有叶形装饰。削尖金属边装饰，通常称"派皮"，是18世纪早期至中期欧洲的典型技术。钻石来自 *GeorgianJewelry.com*；扎卡里·米亚尔拍摄

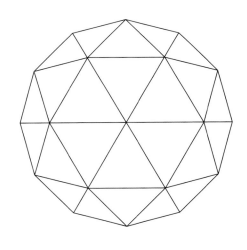

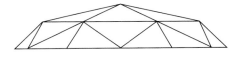

玫瑰式切割

玫瑰式切割

玫瑰式切割钻石有一个圆顶和平底。它们的三角形切面从中心往外延伸，整体看起来就像玫瑰花瓣。从上往下看，玫瑰式切割钻石有圆形、椭圆形或梨形。原钻晶体的形状在很大程度上决定了成品钻石的形状。玫瑰式切割最适合扁平和较薄的原钻，如解理晶形、破碎晶体和三角薄片双晶。

玫瑰式切割在15世纪得到广泛应用，到16世纪已逐渐演变为古典玫瑰式切割。大部分玫瑰式切割钻石为三角形，底部平坦，顶部可能为任何数量的切面。"玫瑰式切割"这个名称的由来是切割后的钻石看起来就像一朵盛开的玫瑰花。

玫瑰式切割钻石比桌形切割钻石更加闪耀，但没有明亮式切割钻石闪耀。18世纪和19世纪，阿姆斯特丹和安特卫普专门制作玫瑰式切割钻石。

近年来，玫瑰式切割再次受到追捧。事实上，市面上的大部分玫瑰式切割钻石都是新型切割钻石，特别是在印度或土耳其。一群设计师将其用于复制品，由此刺激了这种需求。新型玫瑰式切割钻石更加对称，而大部分老式玫瑰式切割钻石的形状和切面通常不太规则。

Hubert Jewelry打造的手镯，镶嵌玫瑰式切割艳彩黄钻石。*Diamond Graphics*拍摄

乔治亚风格银和14K金戒指上的玫瑰式切割钻石。
LangAntiques.com；科尔·拜比（*Cole Bybee*）拍摄

黄金戒指上的玫瑰式切割梨形钻石。*LangAntiques.com*；
科尔·拜比拍摄

艺术装饰风格的椭圆形钻石吊坠项链。
图片来源：© *Adin Fine Antique Jewelry*
（*AntiqueJewel.com*）

玫瑰式切割钻石的一种变体是椭圆形钻石，一种泪滴形石，布满三角形或菱形切面。例如左侧悬吊在艺术装饰风格铂金吊坠上的2.30克拉椭圆形钻石（约1920年），搭配渐变老式欧洲切割钻石和古董枕形切割钻石。业内人士认为这颗椭圆形钻石来自比利时。2013年在安特卫普钻石博物馆展出。

单多面形切割

在创造桌形切割和玫瑰式切割后，欧洲人又尝试了其他切割风格，在17世纪中期提出了单多面形切割方法，指的是对较圆的原钻进行圆形切割。采用这种方式切割的钻石比桌形切割钻石更闪耀，因为有更多的切面：一个桌面、八个冠面、八个亭面以及几乎一定会有的底尖（亭部尖底上的小切面）。这种切割方式是现代明亮式切割的基础，现在一些小型钻石（一般为0.1克拉以下的钻石）依然采用这种切割方式。单多面形切割的优势在于，相比相同质量的现代圆形明亮式钻石（有57—58个切面），采用这种方式切割的钻石成本更低，因为这种钻石只有17或18个切面，因此人工成本更低。此外，如果不是用放大镜仔细观察小钻石，一般不会发现单多面形切割钻石和圆形明亮式钻石在亮度和闪烁度方面有何差异。

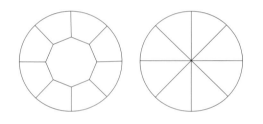

单多面形切割

黑玛瑙和18K金戒指上的单翻钻（单多面形切割钻石）。图片来源：© *Heritage Auctions*（*HA.com*）

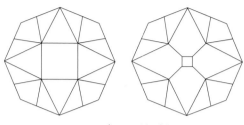

双多面形切割

双多面形切割（马扎林式切割）

17世纪还推出了双多面形切割，又称马扎林式切割。通过这种方式切割的钻石是一种八角形，腰部以上有17个切面，腰部以下也有17个切面，包括底尖。"马扎林式切割"以法国枢机主教马扎林（Jules Mazarin）（1602—1661年）命名。相传，马扎林是第一个拥有这种切割风格的钻石的人。

三重多面形切割（明亮式切割、老矿式切割）

18世纪掀起的工业革命和巴西钻石的发现助推钻石切割工艺实现新发展。随着钻石供应增加，钻石价格逐渐下降。一时间，中上阶层人士开始买得起钻石。能像富豪一样拥有钻石让他们兴奋不已。到18世纪中期，切割钻石的流行和原钻的大量供应鼓励了钻石切割师大胆尝试新的切刻风格。

其中一种新的切刻风格为三重多面形切割，钻石商和《钻石和珍珠论》（*A Treatise on Diamonds and Pearls*，1751年）作者大卫·杰弗里斯（David Jeffries）将其简称为"明亮式"。今天的古董商将其称为老矿式切割。这种切割方式切出的钻石为枕形（矩形或方形，边缘弯曲，带圆角），有58个切面；与现代明亮式钻石形状相似，但冠部更高，全深比更大，桌面更小，且底尖更大；腰部常常不均匀，有些地方非常细。相比圆形明亮式切割钻石，其亭部下腰面更短，形成不同的亮面图形和暗面图形，彩色光芒也更多。

"老矿式切割"一词的历史由来是，采用此种切割风格的大部分钻石都来自印度或巴西钻石矿，而非19世纪70年代才开始生产的南非新钻石矿。如今，老矿式切割指的是有58个切面，下腰面更短，有一个大底尖、小桌面，且轮廓呈枕形或方形的明亮式切割钻石的切割风格，也可简称"矿式切割"。老矿式切割是18世纪初到

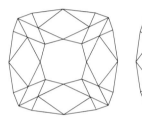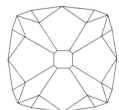

三重多面形切割

一颗老矿式切割钻石的正面和侧面。请注意它的高冠部、细腰部和不规则形状。图片来源：©芮妮·纽曼

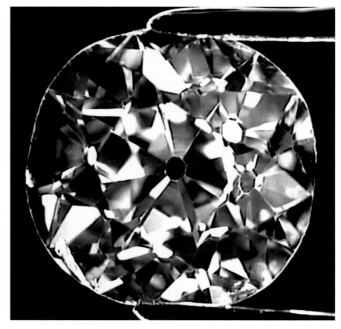

一个1.13克拉的老矿式切割钻石重新切割为0.78克拉的雷地恩切割钻石。图片来源：© *Gem Lab*的保罗·卡萨里诺

1.71克拉的老矿式切割钻石重新切割为1.39克拉的现代圆形明亮式切割钻石。图片来源：© *Gem Lab*的保罗·卡萨里诺

19世纪末期间的常见钻石切割风格，是乔治王时代（1714—1837年）和维多利亚时代（1837—1901年）珠宝首饰的典型特征。

老矿式切割钻石有时候会重新切割为现代切割风格钻石，以提高亮度和对称性。在其他情况下，古典切割仅用于去除划痕和破口，并增加光泽。

7.51克拉重新抛光的老矿式切割钻石的正面和侧面。戒指和照片由*Abe Mor Diamond Cutters*提供

维多利亚时期18K金老矿式切割钻戒,点缀着珐琅。
图片来源: © *Heritage Auctions*(HA.com)

一枚英国乔治王时代的胸针上的老矿式切割和枕形切割钻石,胸针底座为银质,顶部有黄金装饰(约1840年)。胸针来自*GeorgianJewelry.com*;扎卡里·米亚尔拍摄

一枚戒指上的老式欧洲切割钻石。
LangAntiques.com；科尔·拜比拍摄

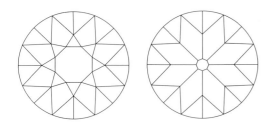

老式欧洲切割

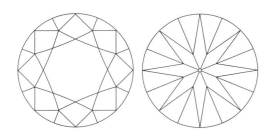

现代圆形明亮式切割

老式欧洲切割

老式欧洲切割钻石通常有一个小桌面、一个很高的冠部、一个大底尖和一个短下腰面（又称下腰面）。老式欧洲切割钻石与老矿式切割钻石很相似，只是老式欧洲切割钻石是圆形，且有时候比较小。老式欧洲切割是现代圆形明亮式切割方法的直接原型，是古董珠宝中最常见的钻石切割风格。尽管老式欧洲切割钻石和现代圆形明亮式切割钻石都是圆形，且通常都有58个切面，但从正面看就能发现它们的亮面和暗面区域图形不同。老式欧洲切割钻石有一个厚实的亮面图形。在聚光灯下观察时，这个亮面会提供更宽的彩色光芒，能够增加钻石火彩。但现代圆形明亮式钻石的亭部切面更窄，形成碎片式的图形，让钻石看起来更加明亮和闪耀。从左图中的对比可以看出，老式欧洲切割钻石的亭部切面更宽，下腰面更短，而现代圆形明亮式钻石亭部切面更细，下腰面更长。

根据GIA.edu的信息，美国宝石学院根据四个标准确认圆形钻石是否属于经典老式欧洲切割钻石：

1. 桌面尺寸：不超过平均腰部直径的53%；
2. 冠角：不小于40度；
3. 下腰面长度：不超过腰部到底尖总距离的60%；
4. 底尖比：稍大。

如果钻石满足这四个标准中的三个，美国宝石学院等级报告中就将其划分为"老式欧洲切割"钻石。老式切割钻石报告只提供钻石的尺寸和颜色、净度等级。美国宝石学院只对现代圆形明亮式钻石划分切工等级。美国宝石学院表示，这些参数来自老式欧洲切割风格的历史定义、其人员的观察结果，以及与贸易从业人士的探讨。简言之，不应该按照老式钻石的创作者从未想过要达到的标准来评价老式钻石。如果真要用这些标准来衡量它们，那么它们的切工等级很可能是"一般切工"和"差切工"。以老式钻石的独特外形为卖点的交易商也辩解称，现代切工等级标准对老式钻石太过不公。

圆形切面钻石在19世纪以前比较罕见，但在19世纪后期受到很多人的青睐，因为切割技术的进步帮助改善了钻石的外形。

1874年发明了圆形钻石粗磨机，实现了切割过程的半机械化，帮助切割师大大提高切割精确度和可控度。钻石切割师利用这种机器制成了更完美的圆形钻石，并引发消费者的热烈反响。到1900年，圆形钻石成为最受欢迎的钻石。

在维多利亚时代后期、爱德华七世时代和艺术装饰时代的首饰中可以找到老式欧洲切割风格。今天的设计师也将这种钻石用在现代和古旧风格的首饰中。颜色等级较高的正宗老式欧洲切割钻石极其罕见，因为大部分高颜色等级的老式切割钻石已经被重新切割为现代风格的形状。

古董珠宝专家Debra Sawatzky称，市场对老式欧洲切割钻石的需求异常高。有时候，为了满足这种需求，对圆形明亮式钻石进行重新切割是最简便的方法，因此买家不应理所当然地认为镶嵌老式欧洲切割钻石的戒指就是古董。此外，即使钻石年代久远，但并不一定代表戒指很古老。珠宝商常常将老钻石镶嵌在新首饰上。

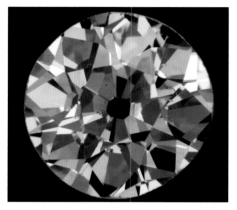

一颗老式欧洲切割钻石的冠部和亭部。
图片来源：© *Gem Lab*的保罗·卡萨里诺

一枚维多利亚时代18K金胸针上的老式欧洲切割钻石。图片来源：© *Heritage Auctions*（*HA.com*）

老式欧洲切割钻石和爱德华七世时代的白金戒指。图片来源：© *Heritage Auctions*（*HA.com*）

现代圆形明亮式切割

波士顿钻石切割师亨利·D. 摩斯（Henry D. Morse）在19世纪末提出了现代圆形明亮式切割的比例和角度。他认为应该通过科学方法切出好看的钻石形状，而不是尽可能保留更大重量。当时大多数切割师都是根据原钻的形状来切割，很少考虑切割角度。摩斯尝试了不同的切割角度，更改了冠部和亭部的角度，减少了它们的坡度。经过此番修改，他打造出更加明亮和闪耀的成品钻石。但老式欧洲切割和老矿式切割一直到20世纪都很流行。

摩斯也是第一个设计出老式圆形钻石的人。阿尔·吉尔伯特森（Al Gilbertson）在《美国切工：第一个100年》（*American Cut: The First 100 Years*）中写道："尽管摩斯的革命性粗磨方法制成了更圆的明亮式钻石，但他的店铺主要打造枕形或方形钻石。圆形钻石太过新潮，还没有很多消费需求。"

相比其前身，现代圆形明亮式切割钻石冠部更低，底尖更小，下腰面更长，但切面数相同，冠部有33个切面，亭部有25个切面（包括底尖，但并不一定有底尖）。切割得当的明亮式钻石的亭部角度为41度左右。大约自1920年以来，现代圆形明亮式钻石一直是最卖座的钻石形状。1919年，钻石切割师马歇尔·托尔科夫斯基（Marcel Tolkowsky）在他的著作《钻石设计》（*Diamond Design*）中宣称现代圆形明亮式钻石有最佳的比例，帮助推广了这种钻石。

今天，高品质明亮式切割钻石的腰部切刻让其看起来更加完美。未抛光的粗磨腰部有着原钻一般的粗糙质地，还可能藏污纳垢，最终影响钻石的感知颜色。但这些切面不会影响钻石的光性能。

老式欧洲切割并非直接发展成为现代圆形明亮式切割。相反，这是通过切割师不断尝试不同比例，不断作出改进的结果。因此，一些58切面圆形钻石既不属于老式欧洲切割，也不能归入

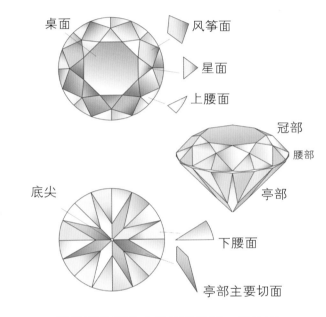

现代圆形明亮式切割示意图。*图片来源：彼得·约翰斯顿 © 美国宝石学院；经许可转载*

尖琢型切割

桌形切割

单多面形切割

马扎林式切割

老矿式切割

老式欧洲切割

现代明亮式切割

钻石切割风格经过多个阶段的演变才发展成为现代明亮式切割。各阶段分别在前一阶段的基础上实现改进。图片来源：彼得·约翰斯顿 © 美国宝石学院；经许可转载

现代圆形明亮式切割。这些钻石的卖家将其称为过渡切割。交易商迈克尔·戈德斯坦（Michael Goldstein）表示，这些钻石通常有现代明亮式钻石的整体切刻，但底尖略开阔，亭部主要切面更短。

戈德斯坦称，"过渡切割"钻石还可以指介于枕形和老式欧洲切割之间的钻石。"过渡"（寻找古旧或古董珠宝的买家经常会听到这个词），指的是一种切割风格演变成另一种切割风格的过程。

2005年，美国宝石学院推出钻石切工分级体系。根据该体系，很明显对过渡切割钻石和现代圆形明亮式钻石的预期是不同的。对此，美国宝石学院决定提出一个新的词，用来描述介于老式欧洲切割和现代圆形明亮式切割风格之间的钻石。

为确定判断标准和对这些钻石进行定义，美国宝石学院与专业人士召开会议，并从交易商处借来了很多过渡切割钻石样本。邓肯·佩（Duncan Pay）2013年在GIA.edu上发布的文章披露，他们的目标是：

◆ 对老式圆形钻石创建一个新的能够反映其历史性切割方法的描述词；

◆ 避免将不适用现代圆形明亮式参数的钻石被赋予切工等级；

◆ 防止"差切工"现代圆形明亮式钻石通过美国宝石学院的切工等级体系但却没有评级。

美国宝石学院认同，很多钻石并非经典老式欧洲切割或现代圆形明亮式钻石。这些钻石既不像好切工也不像差切工的现代圆形明亮式钻石。随后，美国宝石学院决定对58切面圆形明亮式钻石采用一个新的术语——老式圆形明亮式（circular brilliant）。圆形明亮式钻石须符合以下要求：

老式圆形明亮式钻石的冠部和亭部。图片来源：© *Gem Lab* 的保罗·卡萨里诺

一枚爱德华七世时代的铂金钻戒，其上有一颗艳彩灰蓝老式圆形明亮式钻石，夹在两颗单翻钻中间。图片来源：© *Heritage Auctions*（*HA.com*）

1. 下腰面长度：不超过腰部到底尖总距离的65%；

2. 星面长度：不超过腰部边缘和桌面边缘之间总距离的50%；

3. 底尖比：适中或稍大。

"老式圆形明亮式"这个名称体现了钻石并非现代圆形明亮式，而是过去的圆形钻石，同时保留"老式欧洲切割"这个定义。如前所述，美国宝石学院不对老式切割钻石评定切工等级，如老式欧洲切割或老式圆形明亮式切割。

现代明亮式切工通常有57或58个三角形、风筝形或菱形切面，从中心向外排列，适用于非圆形钻石，如榄尖形、椭圆形、梨形、心形、枕形和三角明亮式，如右图所示。花式形状明亮式切割钻石示例如后文所示。

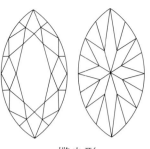

榄尖形

椭圆形

梨形

心形

 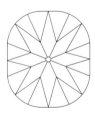

枕形

三角明亮式

2.58克拉榄尖形明亮式切割艳彩绿黄钻石，周围点缀一圈无色圆形明亮式钻石。这枚18K金戒指的戒指环上镶嵌着艳彩黄圆形明亮式钻石。*戒指和照片由Gems of Note的布莱恩·丹尼提供*

一颗3.01克拉的改良梨形明亮式切割淡彩灰蓝色钻石，由圆形明亮式切割淡彩紫粉色铂金和玫瑰金镶点。*戒指和照片由Gems of Note的布莱恩·丹尼提供*

一颗椭圆形明亮式切割浓彩蓝绿色
钻石，外圈围镶18颗明亮式切割淡
彩粉色钻石，两侧各镶嵌一颗梨形
淡彩粉色钻石，镶嵌于一枚铂金戒
指中央，由18k玫瑰金镶点。戒指和
照片由Gems of Note的布莱恩·丹尼
提供

一颗方形改良明亮式切割深彩粉橙
色钻石，外圈围镶10颗玫瑰式切割
无色圆形钻石、2颗梨形玫瑰式切割
无色钻石，最外镶嵌一圈圆形明亮
式切割钻石。*戒指和照片由Gems of*
Note的布莱恩·丹尼提供

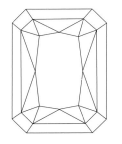 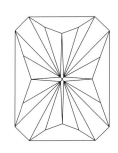

雷迪恩切割

混合切割

除了明亮式切割切面，混合切割还含有四面细长的切面，与钻石腰部平行，称作阶梯式切割切面。混合切割更常用于透明有色宝石而非钻石，但制作商也会采用混合切割制作独一无二的钻石切面样式。

南非钻石切割师巴兹尔·沃特迈耶（Basil Watermeyer）因第一次将明亮式切割与阶梯式切割样式结合应用于一颗钻石而出名。他将这种新的切割式称为巴里昂切割，于1970年申请专利，四年后获得该专利。

1977年，纽约的亨利·格罗斯巴尔德（Henry Grossbard）获得了另一种混合切割专利，他称之为雷迪恩切割。这项专利过期前，这种钻石切割已经为许多制造商广泛接受和应用。

这枚戒指的主钻采用雷迪恩切割。戒指由J. 兰多（J. Landau）提供；伦纳德·德斯（Leonard Derse）拍摄

公主方切割出现于1980年。该切割为方形混合切割，呈90度角，亭部和冠部皆为明亮式切割，沿钻冠腰部为四个细长阶梯切面。公主方切割也称作改良的明亮式切割，有57到70个切面，比例可变。亭部切面朝底尖加宽，朝钻角变窄，形成类似四角星的图案。洛杉矶切割师巴里·罗戈夫（Barry Rogoff）建议在公主方切割的每一钻角放置一小块切面，防止碎裂。这个过程叫作锯切。

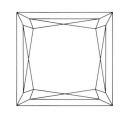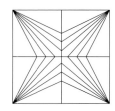

公主方切割

这枚戒指的主钻是公主方切割。*戒指由J. 兰多提供；伦纳德·德斯拍摄*

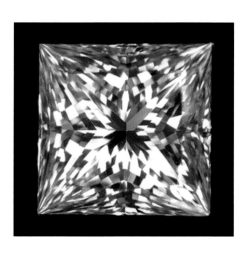

公主方切割钻石的冠部视图。*照片由Gem Lab的保罗·卡萨里诺拍摄*

雷迪恩切割和公主方切割为各地制造商提供了灵感，设计了多种专利钻石切割，例子如下：

Dharmanandan Diamonds制作的帕德玛圆形切割和帕德玛枕形切割。*图片来源：© Dharmanandan Diamonds Pvt.Ltd.*

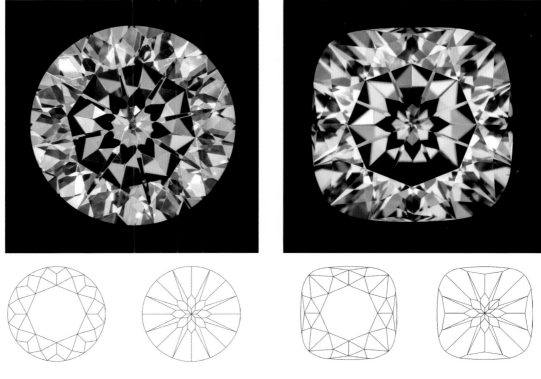

天狼星88和天狼星方形钻石由Mike Botha设计，Dharmanandan Diamonds制作，并签订全球独家协议。*图片来源：© Dharmanandan Diamonds Pvt.Ltd.*

阶梯式切割和祖母绿形切割

桌形切割是阶梯式切割的前身，曾在16世纪到17世纪初主宰钻石首饰潮流。这种切割方式形成了一排排切面，从上往下看类似楼梯的台阶。切面通常有四边，细长，与腰部平行。例子中包括长阶梯形和尖阶梯形切割样式，起源于猪背钻石，一种细长的桌形切割钻石。

如果阶梯式切割有斜角（切出的），则称为祖母绿形切割，因为祖母绿通常以这种方式切割。斜角能保护钻角，放置扣牢钻石的爪。祖母绿形切割本质上是八角矩形的阶梯式切割，往往切面比阶梯多。祖母绿形切割钻石通常为矩形，但有时也有正方形。

1902年，著名钻石切割师约瑟夫·阿斯切获得祖母绿形切割方式的法国专利，期限至第二次世界大战为止。这种切割方式冠部高，有三排切面，亭部深，有八排切面和一个大底尖。几年内，Asscher公司改良了切割形状，更接近于如今的阿斯切切割，简称阿斯切。阿斯切切割是典型的正方形，比阿斯切原来的设计桌面略小，但仍比祖母绿形切割的亭部深。虽然亭部更深，但该切割方式著名的是其亮光和色散。

2001年，Royal Asscher Diamond Company上市了一种新的正方形祖母绿形切割钻石，已获专利，名为皇家阿斯切。皇家阿斯切是原来的阿斯切钻石的迭代，但共有74个切面。除了最大化钻石亮光，该切工还更高效地利用了原钻。因为全深比小，从冠部看时这种钻石看起来会比其实际重量大。

一颗祖母绿形切割暗彩绿灰色钻石，两侧各镶嵌一颗尖阶梯形切割钻石，镶嵌于一枚18k白金戒指中央。戒指和照片由 *Gems of Note* 的布莱恩·丹尼提供

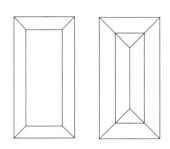

长阶梯形切割

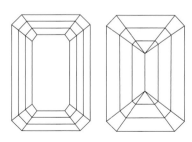

祖母绿形切割

艺术装饰风格戒指，以阶梯式切割为特色，戒指左下角采用阿斯切。图片来源：© *Heritage Auctions*（*HA.com*）

这枚戒指中央的钻石采用阿斯切。戒指和照片由*Abe Mor Diamond Cutters*提供

在今天，任何未注册商标的正方形祖母绿形切工，如与原来的阿斯切专利切工类似，在珠宝贸易中通常都称为阿斯切切割。1920—1930年代，直边阶梯式切割激增，为那个时期的几何艺术装饰风格设计创造了理想条件。1940—1950年代，长阶梯形继续在珠宝设计中发挥重要作用。各种形状的阶梯式切割直到今天还很流行。

片式切割

要利用含大量内含物的原钻，最大化其冠部大小，近来的一种方法是以激光切原钻，制作厚度为1.5到2.5毫米的钻石切片。切片表面可能完全平坦光滑（类似于肖像式切割钻石），或有一些小角度的大切面，其顶部表面能反射光，产生闪烁效果。GIA.edu网站上的一篇文章显示，"制作出这些切片的制造商宣称，这种切割方式的理念是，保留岩石原本轮廓的同时，切割原钻形成有趣的图案。内含物及其形成的图案越有趣，价格越高"。

因此产生的切割方式称为片式切割，让对自然艺术有鉴赏力的设计者能做出独一无二的设计。切片钻石相比于标准的切割钻石重量轻、价格低，非常适合用于耳饰，也用于其他种类的珠宝，例如项链和戒指。

钻石切割的演变已经走了一整圈——从基本的尖琢型切割到桌形切割、玫瑰式切割、单多面形切割、双多面形切割、老矿式切割、老式欧洲切割、现代明亮式切割、独一无二的专利切割，和如今的基本片式切割，甚至是不切割的钻石。然而，如今与500年前很不同的是，今天所有钻石切割方式都可用，都用于现代珠宝中。下两页将展示一些案例。

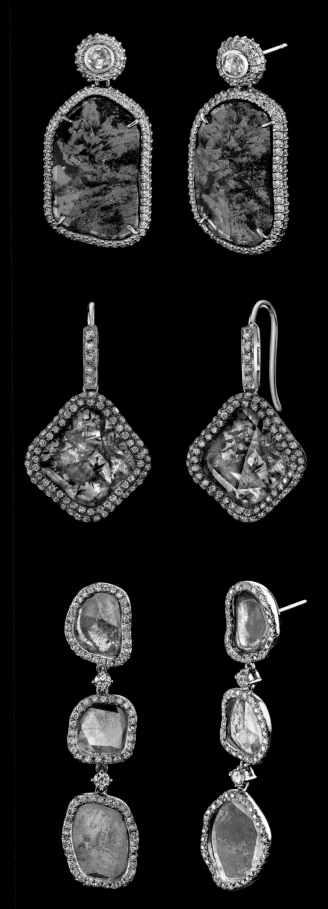

Hubert Jewelry采用片式切割的耳饰和戒指。
*Diamond Graphics*拍摄

Single Stone的现代手工戒指，以玫瑰式切割、老式欧洲切割和独一无二的阶梯式切割为特色。图片来源：© Single Stone

5 钻石首饰的演变

人们认为，"珠宝首饰（jewelry）"一词起源于拉丁语和法语单词"愉悦（joy）"。纵观历史，佩戴珠宝的一个首要原因即为生活增添幸福感和兴奋感。除了吃、穿、住的需求，史前人类想要更多东西，于是用骨头、牙齿、岩石、贝壳、头发和羽毛等材料制作了珠宝。随后又采用了黏土、玻璃、珍贵金属和宝石等材料。

早期的钻石首饰

根据杰克·奥顿的《钻石：宝石之王的早期历史》（*Diamonds: An Early History of the King of Gems*），最早记录的镶嵌钻石的珠宝是一枚2300岁的黄金戒指，镶嵌一颗粉色蓝宝石，两侧各镶嵌一颗未经切割的钻石。这枚戒指1999年出土于阿伊哈努姆，位于今天的阿富汗。印度则是那些钻石的来源。印度镶嵌钻石的珠宝能追溯到公元前1世纪，但在公元11世纪后种类更加丰富。

1990年代，考古学家在瓦莱拉诺（Vallerano）挖掘出一个古罗马墓地，是罗马南部的一个自治市。他们发现一枚黄金戒指，上面镶有一颗0.15克拉的八面金刚石晶体，这枚戒指由坟墓里一名大约公元150年出生的少女佩戴。《宝石和宝石学》2012年春季刊报道，这枚戒指是罗马钻石珠宝中人们唯一知道背景的。大多留存下来的罗马钻戒能追溯到3世纪下半叶至4世纪，这些钻石通常镶嵌一颗未切割钻石，偶尔镶嵌两颗。

公元3世纪的一枚罗马黄金钻戒。图片来源：© *The Trustees of the British Museum*

一份1208年的威尼斯人的遗嘱提到了一枚钻戒。13世纪以来，对钻石的书面记载越来越普遍。威尼斯商人和旅行家马可·波罗（1254—1324年）曾周游亚洲，他写道，到达欧洲的印度钻石只是次品，所有珍贵的钻石都被送给了中国的忽必烈或其他统治者。

14世纪中叶，欧洲的钻石更为丰富。百年战争期间，英国理查二世国王（1367—1400年）将一枚钻戒作为外交礼物送给了法国国王，以求议和。

14世纪期间，虽然贵族生活相对奢侈，大部分欧洲人仍在忍受肮脏的居住环境。14世纪中叶席卷亚欧非的鼠疫，也称为黑死病，夺走了三分之一到二分之一人的生命，其中农民的死亡率最高。

黑死病对历史进程产生了深远的影响。劳动力突然短缺，农民的价值提高了。许多工人决定去做生意，从乡村搬到城市，于是新的社会阶层——商人阶层诞生了。一些历史学家提出，鼠疫给意大利带来的破坏推动了文化的再生，即从15世纪持续到17世纪的文艺复兴。文艺复兴是对希腊和罗马哲学及艺术的复兴，尤为著名的是期间的艺术发展和列奥纳多·达·芬奇（Leonardo da Vinci）（1452—1519年）、米开朗基罗·博那罗蒂（Michelangelo Buonarroti）（1475—1564年）两人的贡献。约翰内斯·古腾堡（Johannes Gutenberg）在15世纪中叶发明的印刷机是文艺复兴时期的重要技术进步，促进了思想的大众传播和识字率的提高，进一步推动了中产阶级的诞生。

葡萄牙探险家瓦斯科·达·伽马（Vasco da Gama）在南非的好望角发现了由里斯本直达印度的一条海路，这是开启与亚洲进

克拉和开

克拉是质量单位，1克拉等于200毫克（或0.007盎司）。1907年，法国度量衡大会（Con- férence générale des poids et mesures）商定克拉为钻石、珍珠和有色宝石的标准测量单位。然而，到1913年7月克拉才成为美国的标准测量单位。在那之前，1克拉在美国等于205.3毫克。在英国，"克拉"一词也是黄金纯度的测量单位。而在美国，为了避免混淆，"克拉（carat）"中的"c"由"k"替代，产生了"开（karat）"一词，1开为1/24纯金，24开即为纯金。大多数国家的18k黄金是指纯金占18/24或75%。在欧洲18k黄金通常印有"750"，但在美国通常印"18k"。

这枚黄金诗歌戒指可能起源于英国，镶嵌有一颗桌形切割钻石。上面雕刻的"erunt duo in carne una"意译为"它们将成为一体"或"它们二者将合二为一"。戒指来源：*GeorgianJewelry.com*；*扎卡里·米亚尔拍摄*

一步贸易的重大事件。他1497年由里斯本出海，大约一年后抵达印度卡里卡特（今科泽科德）。之后，到欧洲的钻石供应就增加了，里斯本取代威尼斯作为印度宝石的主要贸易中心。

文艺复兴时期，坠饰是最常见的珠宝，但人们也会戴戒指，有时戒指会镶嵌尖琢型切割、桌形切割和/或玫瑰形切割钻石。流行图案包括涡卷、叶子、仙女、龙和果实。一些珠宝没有图案，但有雕刻。上页展示了一个例子，这是一枚来自Three Graces Jewelry的诗歌戒指，16世纪中后期制作。诗歌戒指（poesy rings，poesy也写作posey、posy或posie）是表面有刻字的金戒指。15世纪到17世纪，这种戒指在法国和英国流行送给恋人作礼物。

文艺复兴后来演变成了巴洛克时期，大约从1600年持续到1750年。红宝石、蓝宝石、祖母绿等有色宝石在珠宝中更为著名。渐渐地，有更多钻石镶嵌在了珠宝上。钻石常镶嵌于箔片上的封闭式底座，以此增强亮光。巴洛克设计比文艺复兴时期的设计更加华丽、精致、有曲线。流行图案有蝴蝶结、果实和外来花卉。法国路易十四国王（King Louis XIV）（1643—1715年）是最著名的巴洛克珠宝爱好者之一，收集了众多钻石，包括"法兰西之蓝"钻石，后来经过再切割，命名为"希望之星"。巴洛克时期著名的还有钟表的发展，除了可以计时，表也成了一种装饰品。

1730年左右，洛可可风格诞生了。洛可可运动也被认为是晚期巴洛克，在法国兴起，并传播到欧洲其他地方。洛可可风格的特色为形式不对称而轻快，装饰精致，颜色柔和。主要图案有不对称的贝壳、树叶、小鸟、花朵、花束、天使以及佛塔、龙等东方元素。18世纪的洛可可艺术风格影响了乔治时代珠宝，乔治时代受乔治一世国王（King George I）（1660—1727年）统治，1714年始于大不列颠。

一枚17世纪晚期的手工戒指，镶嵌一颗桌形切割祖母绿钻石。由珐琅细节装点。除了镶嵌祖母绿的地方和戒托是黄金，顶部锦簇镶嵌部位全部为银制。这枚戒指来源于伊比利亚。戒指来自*GeorgianJewelry.com*；*扎卡里·米亚尔拍摄*

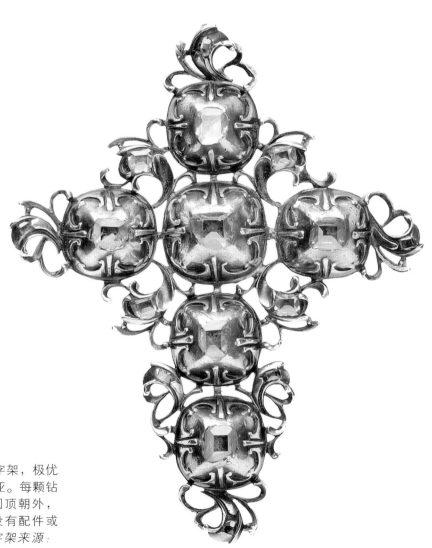

这一例是17世纪的镶嵌桌形切割钻石的银十字架，极优良和稀少，来源于欧洲，很可能源于伊利比亚。每颗钻石都是背部封闭式镶嵌，镀箔片，经典高圆顶朝外，含有凸起的涡卷纹细节。有趣的是，上面没有配件或配件的痕迹，很可能是缝在礼服上的。十字架来源：*GeorgianJewelry.com*；*扎卡里·米亚尔拍摄*

这些巴洛克风格的耳饰大概出品于1700年，被认为来源于比利时。14颗玫瑰形切割钻石镶嵌在箔片上，以此展现钻石的光泽。箔片用的是银镀18k黄金。耳饰和图片来源：*Adin Fine Antique Jewellery*（*AntiqueJewel.com*）

这枚古老的巴洛克-洛可可钻戒大约出品于1700年，镶嵌7颗玫瑰形切割钻石。箔片用的是银镀18k黄金。这个时期内，珠宝商常常分层放置金属，他们认为只有银底座才能展现钻石真正的美。由于银会失去光泽，且常常在衣服或皮肤上留下黑色污渍，珠宝商将银底座的珠宝背面镀了黄金。戒指和图片来源：*Adin Fine Antique Jewellery*（*AntiqueJewel.com*）

时代珠宝（欧美）

珠宝历史学家和古董商常常基于某个君王的统治或一场艺术运动，将珠宝的风格以一个时期的名字来描述。这些时期中许多都有重合，其开始日期根据历史资料各有不同。这部分的日期大多基于克里斯蒂·罗梅罗（Christie Romero）的《沃曼珠宝》（*Warman's Jewelry*）、盖尔·莱文（Gail Levine）的《拍卖市场资源》（*Auction Market Resource*）、安娜·M. 米勒（Anna M. Miller）的《平价古董珠宝买家指南》（*Guide to Affordable Antique Jewelry*），以及售卖古董珠宝和遗产珠宝的商人提供的信息。

时代珠宝术语

古董珠宝：美国海关总署定义为100年及更久前出品的任何珠宝。韦氏词典则将古董一词定义得更宽泛：指更早时期出品的任何艺术作品或类似物。

祖传、遗产或古旧珠宝：通常由原主人一代代传承下来的珠宝，来自几十年到一百年甚至更久以前。古旧和遗产珠宝也指来自更早年代的、未被佩戴过的珠宝。

收藏品：收集的物品，由某个特定设计师设计，某制作商制作，或者来源于某特定时期。买家根据兴趣收集这些物品。通常这些饰品已经不再制作了，但不一定有古董那么老旧。例如，复古式珠宝饰品被认为是收藏品，但还不是古董——因此有了短语"古董和收藏品"。

大约时期测定：确定一件珠宝首饰的大致出品时期。大约时期测定的结果覆盖测定时期前后10年时间。大约时期1900年意味着该饰品很可能出品于1890年到1910年间。

下面是珠宝出品年代的大纲，始于18世纪，每个年代还附有简要介绍和当时的一些饰品案例。

乔治王朝时期	1714—1837年（乔治一世国王到乔治四世国王统治期）
维多利亚早期	1837—1860年（维多利亚女王统治期）
维多利亚中期	1860—1885年（维多利亚女王统治期）
维多利亚晚期	1885—1901年（维多利亚女王统治期）
新艺术时期	1890—1914年
艺术与工艺运动时期	1890—1914年
爱德华时期	1890—1915年（爱德华七世国王统治时期为1901—1910年）
装饰艺术时期	1915—1940年
复古时期	1939—1950年
世纪中期	1950—1970年
现代时期	1970年—至今

乔治王朝时期（1714—1837年）

乔治王朝时期的大多数钻石首饰是用18k或22k黄金制作的。19世纪早期的英国流行金丝工艺品，那是一种精致的金属制品。钻石通常镶嵌于金镀银上，以此展现其白度。钻石背后的箔片加强了镶嵌在封闭式底座上的钻石的亮光。1780年后，乔治王朝时代后期，封闭式底座开始打开。

这段时期内，人们在巴西发现了钻石，加之切割技术进步，含58刻面的枕形老矿明亮式切割的变体诞生了。其中两种变体是巴西琢型和里斯本琢型。

乔治王朝时代珠宝设计的主题常来源于自然：花、叶、橡子、鸟和羽毛。其设计开始将巴西钻石与海蓝宝石、石榴石、绿

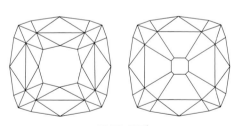

巴西琢型

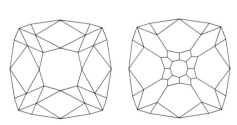

里斯本琢型

一枚很罕见的英国戒指，大约出品于1760年，镶嵌玫瑰式和老矿式切割钻石，镀箔片，采用背部封闭式镶嵌。主钻可能由绿色箔片包裹。法国谚语mon cœur est à vous以黄金刻于戒指上，翻译为"我的心属于你"。戒指来源：*GeorgianJewelry.com*；扎卡里·米亚尔拍摄

这条乔治王朝时代的吊坠项链大约出品于19世纪初，由金镀深绿色铜镀银精制而成，镶嵌玫瑰式切割钻石。*LangAntiques.com*；科尔·拜比拍摄

柱石和桃色黄晶等有色宝石结合。

乔治王朝时期，女人和男人都佩戴珠宝。男人甚至还穿有珠宝纽扣的外套和有珠宝鞋扣的鞋。女人有全套或部分珠宝套装，包括配套的项链、耳饰、胸针、戒指和手镯。全套珠宝被称作全套首饰套装，部分套装被称作半套首饰套装。有一种特殊珠宝为白鹭羽饰，是发饰或帽饰，设计用来支撑镶有珠宝的羽毛或纯羽毛，名字来源于白鹭的法国单词。

这些乔治王朝时代的耳坠大约出品于18世纪末或19世纪初，由9k金镀银手工制作而成，镶嵌玫瑰式切割和桌形切割钻石。这些耳坠可以和长吊坠一起戴，也可以只戴顶部。
LangAntiques.com；科尔·拜比拍摄

这枚乔治王朝时代雪花钻戒出品于1750—1780年，以前最可能是胸针。这项独一无二的雪花设计外层镶嵌5.50克拉的玫瑰形切割和老矿式切割钻石，颜色等级从J色到M色皆有，所有宝石都背部封闭式镶嵌于镀银表面。戒托为18k白金。戒指来自*GeorgianJewelry.com*；扎卡里·米亚尔拍摄

这件首饰上精致的花边状金属制品被称为金银丝，由完美扭绞或卷曲的金属丝制成，有时还有小珠子，这些东西都焊接在一个更粗的金属丝框架或一个平板底座上。金银丝是17世纪到18世纪欧洲珠宝的流行设计元素。吊坠和图片来源：*Adin Fine Antique Jewellery*（*AntiqueJewel.com*）

一枚乔治王朝时代的桌形和玫瑰式切割钻戒。所有钻石都采用背面封闭式镶嵌，因此从背面只能看见黄金。这枚戒指是典型的西班牙和葡萄牙风设计，出品于18世纪中后期。戒指来源：*Georgian Jewelry. com*；扎卡里·米亚尔拍摄

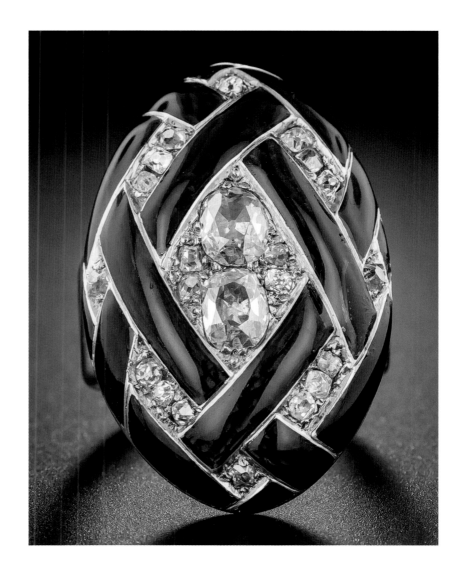

一枚维多利亚时代的钴蓝色珐琅盒式戒指，出品于19世纪中叶。这枚手工戒指的主钻为中央一对亮白色古董枕形切割钻石，周围环绕着交错设计的明亮、光泽钴蓝色珐琅。一列列亮白色钻石于交织的珐琅带间闪闪发光。戒指来源：*LangAntiques.com*；*科尔·拜比拍摄*

维多利亚时期（1837—1901年）

维多利亚女王喜爱钻石，为英国新工业社会的富人引领了潮流。维多利亚时代早期，钻石大多采用玫瑰式切割或老矿式切割，但在19世纪末，老式欧洲切割钻石数目超过了那些钻石的数目，人们称其为维多利亚切割。珐琅有时作为钻石的夸张背景。

维多利亚时代中后期，钻石大量用于珠宝中，尤其是1867年在南非发现钻石以及1880年代发明电照明之后。电照明让钻石在室内和夜晚也能闪烁。封闭式和镀箔式底座逐渐被开放式底座替代，且产生了许多种镶嵌方式：包镶、爪镶、藏镶和金属丝镶。1886年，蒂芙尼（Tiffany & Co.）推出了一种高爪镶，用于独立钻石，成为婚戒的镶嵌标准，称为蒂芙尼镶嵌。

两块维多利亚瑞士翻领表。左边和中间是一块镶有钻石和蓝宝石的金镀银翻领表的正面和背面视图。钻石是玫瑰式切割，总重约为3.70克拉。表盘有黑色阿拉伯数字、外圈校准金点分钟标记、"路易十六"金时针和金分针，以及一块亚克力晶体。右边是一块镶有玫瑰式切割钻石的14k金女士翻领表，相配的表冠也镶嵌了玫瑰式切割钻石。*图片来源：© Heritage Auctions（HA.com）*

金在维多利亚时期也能轻易得到，这多亏了在加利福尼亚州（1848年）、澳大利亚（1851年）、南达科他州的黑山（1874年）、南非（1886年）、育空（1895年）和阿拉斯加州（1898年）的发现。早期维多利亚钻石首饰大多用18k到22k金手工制成，有些是三色（黄金、白金和玫瑰金）。但在1854年，英国政府合法化了9k、12k和15k金，以此与外国竞争。19世纪大部分时间里，英国珠宝商不需要标记其珠宝，因此出自这个时期的珠宝没有标记很寻常。维多利亚时代末，很大比例的黄金珠宝由机器制作并大规模生产。铂金珠宝也上市了，但通常是手工制成。

维多利亚时代珠宝有各式各样的图案：树枝、贝壳、结头、搭扣、植物、花、藤蔓、昆虫、鸟、十字架、心、蛇、紧握的手和头发飘逸的女人。该时期珠宝常用紫晶、珊瑚、石榴石、绿松石和小珍珠。维多利亚女王的丈夫阿尔伯特亲王（Prince Albert）（1819—1861年）死后，黑玛瑙或黑玉制作的哀悼珠宝流行了起来。许多世界最著名的珠宝公司成立于维多利亚时期：蒂芙尼成立于1837年，卡地亚（Cartier）成立于1847年，宝诗龙（Boucheron）成立于1858年。

一枚维多利亚胸针，由一幅彩绘珐琅微型画装点，镶嵌钻石，是18k红金镀银制成，约出品于1850年。优雅的不对称花环镶嵌73颗玫瑰式切割钻石，环绕一幅精致的手绘珐琅微型画，画上描绘了一个赤脚坐在草地上、抚摸小狗的女人。

这枚胸针的风格和主题是典型的维多利亚时代早期风格，那段时期是维多利亚作为大不列颠和爱尔兰的女王加冕，并与阿尔伯特亲王完婚的时期。胸针和图片来源：*Adin Fine Antique Jewellery*（*AntiqueJewel.com*）

一款维多利亚时代的镶有钻石、蓝宝石、红宝石和珐琅的金铰链手镯。在18k白金上镶嵌老式欧洲切割钻石，白金由18k金镀蓝色珐琅环绕。图片来源：©*Heritage Auctions*（*HA.com*）

一枚维多利亚榄尖形老矿工切割钻戒，约出品于1870年。榄尖形视觉上延长了手指。与圆形的老式欧洲切割不同，老矿式切割钻石有着不规则的外缘，既不太正方或长方，也不太圆。戒指来源：*Georgian Jewelry .com*；扎卡里·米亚尔拍摄

一枚维多利亚时代的镀铂胸针，镶嵌钻石、翠榴石、珍珠和红宝石。这枚狮鹫胸针以总重约3.60克拉的老式欧洲切割和老矿式切割钻石为主钻，14k黄金镀铂上镶嵌圆形翠榴石、一颗玫瑰式切割红宝石和三颗珍珠。这是维多利亚时代工艺的杰出案例。图片来源：© *Heritage Auctions*（*HA.com*）

一枚维多利亚时代的镶有钻石、祖母绿、红宝石和养殖珍珠的黄金胸针。这枚穿孔胸针以一颗老矿式切割钻石和一颗梨形钻石为主钻，18k金上镶嵌欧洲切割钻石、矿式切割钻石、玫瑰式切割钻石、梨形和椭圆形祖母绿、枕形和长方形红宝石、珍珠。图片来源：© *Heritage Auctions*（*HA.com*）

一枚来源于维多利亚时代晚期妇女参政论者的钻戒，约出品于1900年，18k金镀银上镶嵌一颗紫水晶和一颗祖母绿。这些颜色整体展现出一条秘史："给予（绿色）女性（白色）选举权（紫色）"。这三种颜色也展现出妇女参政论者追求的品质：希望、纯洁和高尚/高贵。女性被鼓励穿戴这三种颜色，展示她们对妇女参政运动的支持，提高公众意识。但也有人表明这些女性用这个隐秘的颜色代码是因为害怕在丈夫儿子面前展现出这份支持。这颗中彩黄色老矿式切割钻石突出了女性为她们的选举权奋斗的国际共同原因。戒指和图片来源：*Adin Fine Antique Jewellery (AntiqueJewel.com)*

一枚维多利亚时代的镶有彩色钻石的金镀银戒指。主钻为一颗中彩黄玫瑰式切割钻石，周围环绕镶嵌在14k黄金镀银上的玫瑰式切割钻石。图片来源：© *Heritage Auctions（HA.com）*

一款维多利亚黑玛瑙盒式吊坠，装饰有镶钻花束，约出品于1870年，很可能来源于比利时。镶嵌34颗玫瑰式切割钻石和小的钻石碎片。这款吊坠顶部为银制，背面是18k玫瑰金制，受大自然母亲启发以花束为主题。吊坠和图片来源：*Adin Fine Antique Jewellery*（*AntiqueJewel.com*）

一款维多利亚法国金链坠，约出品于1890年，镶嵌两颗老矿式切割钻石、一颗小型玫瑰式切割钻石（底部珍珠上方）、一块蓝宝石、珍珠。上面有18k金的控制标记，表现为一个从1838年起就在法国使用的鹰头。吊坠和图片来源：*Adin Fine Antique Jewellery*（*AntiqueJewel.com*）

一枚维多利亚时代晚期的双蛇戒指，约出品于1890年，镶嵌一颗老式欧洲切割钻石、四颗小型玫瑰式切割钻石和一颗红宝石，18k黄金制成。蛇是最古老、传播最广泛的象征之一，应用于许多文化和地区。蛇既是生育和治愈等正面象征，也是邪恶和冷漠等负面象征。戒指和图片来源：*Adin Fine Antique Jewellery*（*AntiqueJewel.com*）

新艺术时期（1890—1914年）

　　新艺术珠宝创立于法国，这项运动试图将珠宝设计现代化，改变以往流行的传统和历史风格。这也是对那个时期的法国社会大事件的反抗，包括女性通过教育和工作为自身能得到更多权利作出的斗争。在新艺术珠宝中，女性是常见图案。

　　新艺术时期因其飘逸的曲线、植物图案和明亮的颜色闻名，是现代珠宝设计的开端。许多法国珠宝商都采用了这种风格，但设计和工艺最著名的是勒内·拉里克（René Lalique）。他将昂贵珠宝与象牙、角等便宜材料结合，镶嵌在18k金上。拉里克著名的一个与新艺术运动有关的技艺是"plique-à-jour"（"透光"的法语）珐琅——没有金属底托的透明珐琅，类似彩色玻璃窗。

　　与过去时期不同，钻石、红宝石、祖母绿、蓝宝石等宝石主要用来点缀更大的弧面形半宝石，例如天青石、月光石、孔雀石、光玉髓、白铁矿和贝壳珍珠。人造红宝石和祖母绿三石款（含两片无色绿柱石和一层绿色黏合剂）诞生于新艺术风格珠宝中。最常见的图案就是头发飘逸的女人、长了昆虫翅膀的人类、蝴蝶、孔雀、蜜蜂、天鹅、蛇、花。银金铜和镀金属都用于这种类型的珠宝。新艺术运动还传播到了欧洲其他国家和美国。

新艺术风珠宝，约1900年出品。上面的这款吊坠/胸针由质地柔软的18k黄金和铂金手工制成。中央的老矿式切割钻石由小巧精致的铂金叶子装点，这些叶子上镶有分布于粉色珐琅花簇间的玫瑰式切割钻石。一颗淡水珍珠吊坠固定住了这件易滚动的金制品。

下面这条不对称花形设计的法国项链由质地柔软的18k黄金手工制成，镶嵌一颗1克拉欧洲切割钻石和相配的一颗吊于下方的0.85克拉钻石。
LangAntiques.com；*科尔·拜比拍摄*

一枚新艺术风胸针，由钻石、翠榴石、透光脱胎珐琅和14k金镀铂制成。这枚欧洲切割钻石重约0.95克拉。这件珠宝标记有AH，即August Wilhelm Holström（1829—1903年），Fabergé工作室的一位资深会员和顶级珠宝师。图片来源：©*Heritage Auctions*（*HA.com*）

一款透光脱胎珐琅装点的新艺术风吊坠/胸针，约1890年出品，展现了一位在粉黄色珐琅黄昏中凝视着两颗流星的仙女，流星由老矿式切割钻石制成。珍珠装饰了一对绿蓝色透明脱胎珐琅翅膀，这对翅膀环抱着这位花朵装点的少女。虽然没有携带任何清晰的控制标记，但人们认为这款吊坠来源于法国。多亏背后谨慎放置的环系，这款可以当作胸针或吊坠佩戴。吊坠/胸针和图片来源：*Adin Fine Antique Jewellery*（*AntiqueJewel.com*）

一对新艺术风瑞士怀表。左边和中间是一块蜻蜓主题表的正面和背面视图，18k金和珐琅制成，镶嵌钻石、祖母绿、红宝石和珍珠。表盘有白色珐琅表面、黄金阿拉伯数字、金丝指针和一块玻璃晶体。右边是一块18k金、珐琅和钻石制成的表，约1905年出品，有10k金吊坠表冠。这场运动和案例以Haas Neveux & Co.为标志。图片来源：© Heritage Auctions（HA.com）

一款新艺术风18k金手镯，镶有钻石、祖母绿和红宝石，制作商为Lebolt & Co.，芝加哥的一家珠宝、凹形器皿和扁平餐具制作商。钻石采用欧洲切割。镯扣上刻有：L.T.A. Aug. 18 '08. 图片来源：© Heritage Auctions（HA.com）

这件艺术与工艺风珠宝是一枚双色调的14k金戒指，镶嵌一块7克拉月光石和两颗圆形钻石。标记者的标记表明其由新泽西州纽瓦克市的Allsopp Brothers制成。*LangAntiques.com*；*科尔·拜比拍摄*

艺术与工艺运动时期（1890—1914年）

艺术与工艺珠宝运动起源于英国，与其他三种设计流派一致——维多利亚时代晚期风格、传统爱德华风格和新艺术风格。这场运动是对工业革命时期珠宝的大规模生产，以及维多利亚时代奢侈的装饰作出的反抗。

艺术与工艺风珠宝是纯手工制作，材料通常不贵。银、黄铜和纯铜是首选金属，而非金和铂。弧面绿松石、玛瑙、月光石、琥珀和蛋白石常取代钻石、红宝石和祖母绿使用，且通常采取包镶（包镶采用金属片固定宝石，与爪镶相反）。设计要么抽象，要么采用花、叶、鸟等大自然的特色图案。

爱德华时期（1890—1915年）

爱德华风格珠宝主要特点为大量使用钻石、铂金、珍珠，镶嵌在精致花边状底座上。虽然爱德华七世统治时期只从1901年到1910年，这个时代的奢侈宫廷风影响了他即位前后几十年的潮流。

爱德华风珠宝的灵感也来源于法国路易十七和路易十六的宫廷。事实上，是法国珠宝商路易·卡地亚（Louis Cartier）（1875—1942年）引领了这种风格的发展，他也是英国宫廷的官方珠宝商。最终，这种风格也用法语词汇定义为Belle Epoque，意为"美好年代"。偶尔也使用另一种表达style guirlande，即"花环风格"，因为饰有花叶的花环（花冠）是经典图案。其他图案还包括马蹄铁、鸽、鸭、鱼、心、太阳、星星、月亮、蝴蝶结、箭矢。

这段时期钻石切割技术提高了，因此诞生了榄尖形、祖母绿形、长阶梯形等切工。校准后呈标准尺寸形状的钻石得以应用于大规模生产珠宝中。枕形切割、老式欧洲切割和玫瑰式切割仍然流行，而立体水滴形钻石常吊于耳饰上。

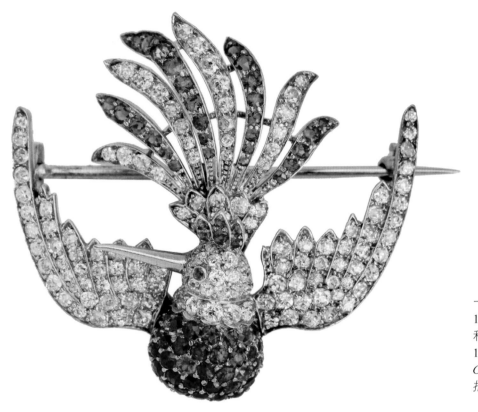

一枚爱德华风翠榴石和钻石胸针，约1900年出品，镶嵌82颗俄国翠榴石和143颗老式欧洲切割钻石，底座为18k黄金镀铂制成。小鸟胸针来源：*GeorgianJewelry.com*；扎卡里·米亚尔拍摄

　　火把发展到足够热后，约在1890年，铂成为制作优良珠宝最常用的金属。有一段时间内，人们把铂的薄片叠层覆盖在金上，很像银过去的制法。渐渐地，铂明显足够结实用来单独制作精致的底座和钻石的托架。铂制锯状滚边（凸起的串珠边缘）底座用来让钻石看起来更大，刀形边缘底座则用来让底座看着像隐形了一样。大部分金属制品都是开放的，结构都能露出来。第一次世界大战期间，铂因为要用于战争而被短暂禁止用于珠宝中，白金得以广泛使用。

　　虽然爱德华风格珠宝主要是白色，但淡彩色也流行，后来的珠宝还镶嵌更深色的宝石，例如紫水晶、紫翠玉、绿玉髓和翠榴石。一些制作爱德华风格珠宝的著名法国品牌有卡地亚、宝诗龙、尚美（Chaumet）、Georges Fouquet和LaCloche Frères。在美国，爱德华风珠宝由蒂芙尼、Black Starr & Frost、Marcus & Company等制作。俄国王室珠宝匠人彼得·卡尔·法贝热（Peter Carl Fabergé）（1846—1920年）制作的大部分珠宝都可以被归为爱德华风格，但法贝热其他作品还有新艺术风线条和图案。

一枚爱德华风钻戒，约1910年出品，镶嵌老式欧洲切割钻石，由18k黄金镀铂制成。这件精致花边铂制品是典型的爱德华时代风格。戒指来自 *GeorgianJewelry.com*；扎卡里·米亚尔拍摄

一枚爱德华风胸针，由祖母绿、钻石、铂和黄金制成。这款令人惊艳的珠宝主石为一颗约7克拉重的哥伦比亚祖母绿，镶嵌欧洲切割钻石和正方形切割祖母绿，由铂和18k金制成。图片来源：© *Heritage Auctions*（*HA.com*）

一款爱德华风吊坠和胸针，由海蓝宝石、钻石、铂和金制成。主石为一颗重约13克拉的椭圆形海蓝宝石，镶嵌约1.60克拉重的玫瑰式切割钻石和欧洲切割钻石。这款珠宝由铂金制成，附加14k金制的别针和卡扣。以外观精致的蝴蝶结图案和优良的锯状滚边修饰度为特色。图片来源：© *Heritage Auctions*（*HA.com*）

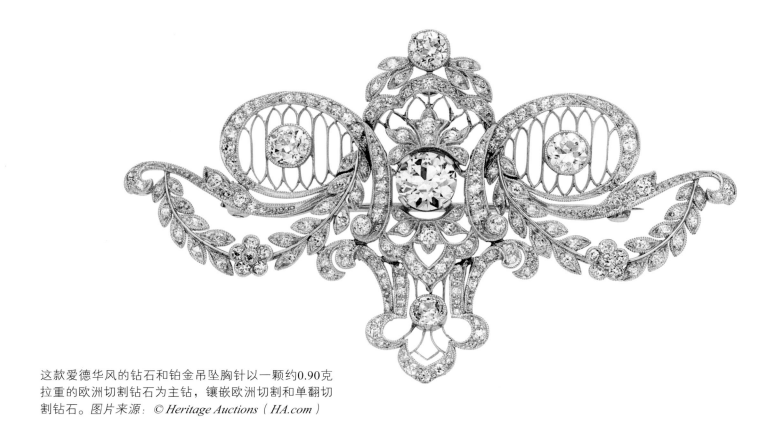

这款爱德华风的钻石和铂金吊坠胸针以一颗约0.90克拉重的欧洲切割钻石为主钻，镶嵌欧洲切割和单翻切割钻石。图片来源：© Heritage Auctions（HA.com）

一条爱德华风吊坠项链，由珍珠、钻石和铂金制成，约1910年出品。这款精致孔雀羽毛形状的吊坠镶嵌60颗天然珍珠、87颗老矿式切割钻石和37颗玫瑰式切割钻石。这款珠宝优良的线条和花边是典型的爱德华时期风格。虽然卖家Adin不能确切说出是谁制作了这款珠宝，但有强烈迹象表明可能是Soler Cabot，西班牙巴塞罗那一家著名haute joaillerie（高级珠宝）品牌。Soler Cabot成立于1842年，目前仍是家族成员经营。Cabot世家起家于西班牙的圣安德烈斯德利亚瓦内拉斯，几代人都在附近的马塔罗市皇家银匠学院注册过，可以追溯到1662年，但一些文件将该世家的起源记录为1543年。孔雀羽毛是这款珠宝的主题。中世纪期间，基督教艺术家有时用孔雀象征永恒。孔雀也和古希腊女神赫拉、印度教神祇室建陀和黑天有关。项链和图片来源：Adin Fine Antique Jewellery（AntiqueJewel.com）

这枚艺术装饰风格的天然缅甸玉和钻石戒指以铂金手工制成。这颗未经处理的弧面型玉石尺寸为0.33英寸×0.24英寸×0.26英寸（8.40毫米×6.5毫米×6.50毫米）。来源：*Lang Antiques. com*；科尔·拜比拍摄

一枚艺术装饰风格钻石、蓝宝石和铂金戒指，由费城一家珠宝制作商J.E. Caldwell制成，这家制作商因其高质量新艺术风和艺术装饰风珠宝出名。中央的老式欧洲切割钻石重约1.30克拉。图片来源：© *Heritage Auctions*（*HA.com*）

装饰艺术时期（1915—1940年）

艺术装饰风格珠宝设计以几何图案、直线条、对称和大胆的色彩对比为特色。铂、钻石、白金仍然广泛使用，但有色宝石的使用更多了，其中有些是人造宝石。天青石、玉、珊瑚和黑玛瑙尤其流行。

老式欧洲切割、单翻切割和玫瑰式切割仍然存在，但圆形和花式形状的现代明亮式切割更加常见了。侧边宝石的新形状有子弹形、半月形和盾牌形。

最流行的珠宝之一即钻石串手链，在1980年代复兴，被称为网球手链。鸡尾酒手表、怀表和礼服夹在艺术装饰时期也很流行。

最常见的图案有几何、抽象、花卉，灵感来源于古埃及、古中国、古代日本、古印度和其他文化的美学。随着图坦卡蒙国王的坟墓于1923年出土，日本和美国签订新贸易协议，艺术装饰风的埃及和日本图案诞生了。

路易·卡地亚是最著名的艺术装饰风格设计师。梵克雅宝（Van Cleef and Arpels）的产品也对这个时期有深刻影响。其他主要设计师和品牌有梦宝星（Mauboussin）、Jean Fouquet、宝诗龙、尚美、LaLoche、美国公司蒂芙尼、Black Starr & Frost、J.E. Caldwell & Co.、C.D. Peacock、海瑞·温斯顿和Shreve, Crump & Low。

权艺术装饰风格蛛网戒指，由钻石、红宝石、黑玛瑙和铂金制成。中央的老矿式切割钻石重1.64克拉，GIA颜色等级为I，净度等级为VS1。*LangsAntiques.com*；科尔·拜比拍摄

一款艺术装饰风格红宝石、祖母绿铂手镯。这款受水果锦囊启发的手镯以总重约为12克拉的欧洲切割和过渡切割钻石为主，雕刻祖母绿叶子、弧面型红宝石、单翻切割和玫瑰形切割钻石都镶嵌于铂金上。水果锦囊珠宝风格以红宝石、蓝宝石和祖母绿为主，常镶嵌钻石，1901年由卡地亚首创，那时他为亚历山德拉女王（Queen Alexandra）制作了一条项链。图片来源：© *Heritage Auctions*（*HA.com*）

一枚艺术装饰风格胸针，由钻石、红宝石、黑角珊瑚、珐琅和铂金制成，制作商为奥斯卡·海曼兄弟（Oscar Heyman & Bros）。胸针的特点是有一枚精雕的红宝石，总重量约为0.70克拉的双翻钻和单翻钻，总重量约为0.25克拉的梯形和长阶梯形切割钻石和黑珊瑚，均采用铂金镶嵌。这枚胸针经由奥斯卡·海曼兄弟认证。海曼家族于1906年从俄罗斯移民到纽约，于1912年创办了奥斯卡·海曼兄弟。他们专门生产镶有钻石、红宝石、蓝宝石和祖母绿的高端铂金首饰。图片来源：© *Heritage Auctions*（*HA.com*）

装饰艺术风格钻石、红宝石铂金别针和胸针。这枚胸针的特点是有总重量约为7克拉的欧洲切割钻石、双翻钻和单翻钻，精雕的红宝石、长阶梯形切割钻石和长阶梯形切割红宝石为其增色不少，均采用铂金镶嵌。首饰整体是一枚14k白金别针。图片来源：© *Heritage Auctions*（*HA.com*）

装饰艺术风格钻石、红宝石铂金戒指，由奥斯卡·海曼兄弟提供。这枚戒指的特色是采用1.05克拉的矩形阶梯切割钻石和双翻钻和单翻钻，饰以突出的长阶梯形、方形和小型角切割红宝石，均采用铂金镶嵌。图片来源：© *Heritage Auctions*（*HA.com*）

装饰艺术风格黑玛瑙钻石蝴蝶结胸针，约1930年。在装饰艺术时代，黑白对比成为20世纪20年代和30年代大部分时间的一大标志。钻石采用多种切割方式，包括三角形、老式欧洲切割、老式单多面形切割和方形切割，采用铂金镶嵌，边缘采用锯状滚边（珠边）设计。蝴蝶结胸针来自*GeorgianJewelry.com*；扎卡里·米亚尔拍摄

装饰艺术风格钻石、蓝宝石铂金戒指。它的特点是有一枚重3.55克拉的榄尖形改良明亮式切割钻石，总重量约为0.75克拉的小型角切割蓝宝石和欧洲切割钻石为其增色不少。这款戒指采用铂金镶嵌。图片来源：© *Heritage Auctions*（*HA.com*）

这款装饰艺术风格钻石、玻璃铂金戒指的特点是采用了一枚重约2.70克拉的欧洲切割钻石，总重约0.30克拉的欧洲和矿式切割钻石为其增色不少。宝石采用铂金镶嵌，装饰艺术时代风格反差绿玻璃方形框架带来突出效果。图片来源：© *Heritage Auctions*（*HA.com*）

复古风格钻石、蓝宝石铂金和14k黄金胸针。钻石采用密镶工艺。采用这种镶嵌工艺时，钻石镶嵌到锥形孔中，几乎与胸针表面齐平。然后将钻石周围的金属推起来形成小珠子固定钻石。复古时期经常采用这种镶嵌工艺，形成大面积明亮而大胆的珠宝表面。图片来源：© *Heritage Auctions（HA.com）*

复古时期（1939—1950年）

在大萧条期间（1929—1939年），钻石和铂金的通体白色外观开始失去吸引力。美国政府在第二次世界大战期间宣布铂金为战略金属，那时美国不再将铂金用作珠宝金属。在制作高级珠宝时，铂金被黄金和玫瑰金取代，后来被白金取代。除了红宝石、蓝宝石和祖母绿外，经常使用的还有黄水晶、海蓝宝石和碧玺等彩色宝石。大量长阶梯形切割宝石用于制作槽镶珠宝（一种镶嵌风格，宝石镶嵌在金属槽内，宝石与宝石之间没有金属焊接）。

好莱坞明星的时尚影响力超越皇室，法国不再是世界珠宝设计中心。复古设计大胆、前卫、色彩丰富、立体。手镯链环很重；吊坠很大，设计精良，可以改换成胸针。复古时期的主题是女性化、爱国和工业。常见的图案包括花、鸟、蝴蝶结、涡卷形装饰和皮带扣。

1948年，戴比尔斯推出了著名的营销口号——"钻石恒久远，一颗永流传"。战争结束后，恢复使用铂金制造重量较轻的珠宝，采用排镶工艺，将钻石成串密集镶嵌，其中许多钻石是梨形、椭圆形和榄尖形。到复古时期末期，钻石再次成为女子的最爱。

复古风格钻石、海蓝宝石、红宝石18k黄金和铂金胸针，由蒂芙尼提供。这枚胸针的特点是采用槽镶长阶梯形和阶梯琢型切割钻石，总重量约2克拉，采用铂金镶嵌，圆形海蓝宝石和圆形红宝石增加其美感。*图片来源：© Heritage Auctions（HA.com）*

这款复古风格钻石和实验室培育红宝石玫瑰金戒指的特点是采用重约0.65克拉的欧洲切割钻石，配以单翻钻和合成红宝石弧面型宝石形成突出效果，所有嵌框均采用14k玫瑰金镀铂金。合成红宝石在第二次世界大战期间经常用于制作珠宝，因为天然红宝石并不容易获得。*图片来源：© Heritage Auctions（HA.com）*

复古风格铂金和18k黄金双夹胸针，槽镶黄水晶和钻石。这种胸针由两个相配的衣夹组成，衣夹由一个大框架或别针固定在一起，可以拆下形成两个小胸针。双夹胸针最早由卡地亚于20世纪20年代创作。图片来源：© *Heritage Auctions*（*HA.com*）

复古风格钻石、红宝石、珐琅和黄金吊坠和胸针。这款玫瑰形胸针采用一枚重约0.80克拉的圆形明亮式切割钻石，钻石周围环绕总重约2克拉的单翻钻。茎部配以总重量约为0.40克拉的方形槽镶红宝石，叶子上涂有珐琅质。整件首饰采用14k白色和粉金镶嵌。图片来源：© *Heritage Auctions*（*HA.com*）

复古风格蓝宝石和钻石18k黄金法式手镯。铰链手镯以方形和长阶梯形切割蓝宝石为特色，配以采用黄金镶嵌的欧洲切割、单多面形切割和玫瑰式切割钻石增色。图片来源：© *Heritage Auctions*（*HA.com*）

复古风格珍珠和钻石铂金戒指。戒指设计成牡蛎壳形状，特点是有一颗中等大小的人工养殖珍珠，配以铂金镶嵌的明亮式切割圆形钻石增彩。图片来源：© *Heritage Auctions*（*HA.com*）

复古风格红宝石、钻石和人工养殖珍珠18k黄金胸针。这枚胸针描绘了一位西班牙舞者的形态，特点是采用了单翻钻，配以方形切割红宝石和矩形合成红宝石添彩。舞者的头部是一颗中等大小的人工养殖珍珠，整件首饰采用18k黄金镶嵌。图片来源：© *Heritage Auctions*（*HA.com*）

复古风格钻石和红宝石14k黄金搭扣戒指，约1945年。20世纪40年代，从手镯到胸针的各种珠宝纷纷采用风行一时的搭扣元素。搭扣框架由四枚单翻钻组成，锁舌由两枚合成红宝石组成，锁带尖端由7枚槽镶合成红宝石组成。触感平滑，网带柔韧可弯曲。这枚可调节戒指有一个双搭扣，用于固定网状"带"，设计适合大多数人。戒指来自 *GeorgianJewelry .com*；扎卡里·米亚尔拍摄

复古风格钻石、红宝石、铂金和黄金珠宝套装，由Merrin提供。这套珠宝包括一对镶有红宝石的耳环，配以明亮式切割和单翻钻增彩，采用铂金镶嵌，并配有回形针。配套胸针采用总重达25克拉的红宝石，配以突出的双翻钻和单翻钻、长阶梯形切割钻石和榄尖形切割钻石。耳环和胸针均采用铂金镶嵌。Merrin是一家总部位于纽约的设计公司。图片来源：© *Heritage Auctions*（*HA.com*）

一枚世纪中期风格配套钻石胸针和一对20世纪60年代的耳环。这套定制珠宝由铂金和18k黄金制成。*LangAntiques.com*；科尔·拜比拍摄

世纪中期（1950—1970年）

第二次世界大战后，随着钻石更易获取，突出钻石为重点的珠宝越来越普遍。世纪中期的珠宝通常镶有长阶梯形和花式形状的钻石。消费者可以选择价格合理的单颗小钻石首饰，也可以选择由多颗钻石组成的精美珠宝，其设计样式呈漩涡状或瀑布状。世纪中期风格珠宝也使得配套珠宝套装再度流行起来，通过项链、胸针、手镯和配对耳环展现单一的主题。

美国解除对铂金的战争禁止贸易令后，铂金再次用于制作高端珠宝。然而，铂金往昔风靡一时的人气难再，因为白金更便宜，也更易使用，公众已经欣然接受了金属的变化。世纪中期风格珠宝的一个显著变化是从高抛光金属转向具有拉丝修饰度、网格的编织金属，打造更有质感的外观。项链往往较短，有时用作发饰。大戒指很时髦，饰物手链很畅销。耳环有纽扣式和悬摆式两种，大耳夹的形状和设计多种多样。常见的装饰图案包括蝴蝶结、动物、昆虫、鱼、坚果、浆果、星辰、树叶、单瓣花和花束。总的来说，与复古时期的大胆风格相比，世纪中期风格珠宝更具女性气质，更优雅。

世纪中期风格铂金花篮胸针，约1950年，镶有过渡切割钻石和各种形状的祖母绿，包括榄尖形、梨形和圆形钻石。锯状滚边（珠边）细节勾勒出复杂的金属制品外形。胸针来自*GeorgianJewelry.com*；扎卡里·米亚尔拍摄

独一无二的世纪中期风格18k黄金和白金钻石独粒宝石戒指，约1960年。这颗0.12克拉的钻石镶嵌在花朵状的白金底座中，增加了钻石的外观尺寸。戒指背面有一个鹰头标志，表明这枚独特的戒指来源于法国。戒指来自*GeorgianJewelry.com*；扎卡里·米亚尔拍摄

世纪中期风格钻石半永恒戒指，约1970年。铂金底座上的榄尖形钻石与相对的锥形长阶梯形相间。戒指来自*GeorgianJewelry.com*；扎卡里·米亚尔拍摄

世纪中期风格钻石和铂金戒指，带有蝴蝶结图案。这款对角戒指的特点是有一枚0.80克拉的欧洲切割钻石，镶有圆形明亮式切割钻石和长阶梯形钻石。*LangAntiques.com；科尔·拜比拍摄*

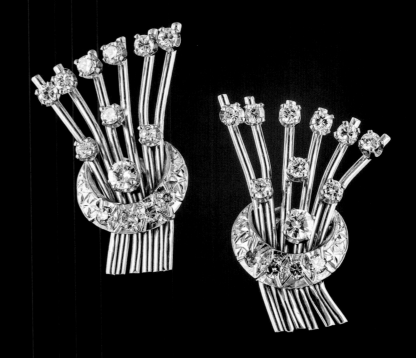

世纪中期风格钻石枝状耳环，形状类似流星，约20世纪50年代。两只耳环镶有现代圆形明亮式切割钻石，采用手工制作的14k白金镶嵌。*LangAntiques.com；科尔·拜比拍摄*

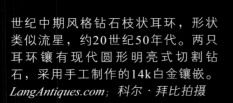

世纪中期风格铂金镶嵌天然翡翠耳环，有锥形长阶梯形钻石
形成的漩涡设计和圆形及榄尖形钻石形成的瀑布状设计。
LangAntiques.com；科尔·拜比拍摄

世纪中期风格未加热粉色蓝宝石
和14k白金戒指，镶嵌在由长阶梯
形切割钻石和圆形明亮式切割钻
石形成的漩涡内。*LangAntiques.
com*；科尔·拜比拍摄

东西向榄尖形钻石戒指。戒指和照片由 *Peter Indorf*提供

对角镶嵌榄尖形钻石戒指。戒指和照片由*Glenn Lehrer*提供

现代时期（1970年至今）

现代时期珠宝时代融合了多种珠宝风格，包括早在1970年之前就存在的珠宝风格。例如，在21世纪初期，光环戒指成为主要的订婚戒指样式。光环戒指的特点是中心宝石周围有一个由较小钻石或其他宝石组成的"光环"。这种镶嵌不仅吸人眼球，而且使中心宝石看起来更大。但这绝非一种新风格。它的起源可以追溯到早期的乔治王朝时期，当时在更大的中心宝石周围镶嵌较小的圆形钻石或珍珠。现代风格光环戒指受到20世纪20年代装饰艺术风格珠宝的影响，引人注目的大中心宝石周围通常镶嵌较小的宝石。从那时起，光环镶嵌时而风行，时而不兴，在1970年至2000年间，鲜少时兴光环戒指。长阶梯形钻石戒指在20世纪80年代很常见，而爪镶和三石镶钻石戒指在20世纪90年代的上市频率更高。

珠宝杂志和组织每年都会讨论最新的珠宝趋势。2020年，天然钻石协会（Natural Diamond Council）列出了以下珠宝趋势：

- ◆ 采用彩色珐琅和陶瓷图案的钻石；
- ◆ 带有佩戴者姓名首字母和姓名的个性化珠宝；
- ◆ 长款悬垂式个性耳环；
- ◆ 镶嵌天然原钻的有机朴实承诺戒指；
- ◆ 不对称耳环；
- ◆ 分层项链；
- ◆ "东西向戒指"中水平或对角镶嵌的榄尖形、椭圆形和祖母绿形切割钻石。

时尚趋势瞬息万变，因此，想要了解当今钻石首饰潮流趋势的读者应该访问天然钻石协会网站（NaturalDiamonds.com）。归

根结底，最重要的是消费者选择适合自己的风格和自己购买的宝石，而不是珠宝首饰是否引领潮流，风行一时。

自1970年以来，钻石首饰发生的最大变化关乎钻石本身。以前认为高级珠宝中不可接受的低级钻石现在推广用于高端设计师珠宝。举例来说，爱德华七世时期、装饰艺术时期、复古时期和世纪中期风格珠宝中的钻石总是透明无暇，但在1970年之后，大规模生产的低预算珠宝中开始出现不透明、半透明的钻石。如今，它们有时作为高价珠宝中的"彩白"钻石出售。到21世纪初，设计师珠宝中可以找到半透明的原钻，2020年出现了"盐和胡椒钻石"的广告，这种钻石中包含许多黑色、灰色和白色的内含物，以前曾被视为工业级钻石。

1983年，澳大利亚阿盖尔矿开矿后，棕色和浅棕色钻石广泛

黄金、白金和玫瑰金钻石光环戒指。光环戒指是21世纪最流行的订婚戒指样式之一。钻石结婚戒指，来源于*John Atencio*的*Satin Collection*；照片由*John Atencio*提供

可用。阿盖尔矿还以其高品质的粉色和红色钻石而闻名。其他矿场的发现也有助于增加彩色钻石的供应。20世纪90年代，独特钻石切割风格的品牌建设变得更加广泛，经高压高温（HPHT）处理着色的钻石于2000年引入市场。到2020年，颜色丰富、切割风格多元的天然钻石、经过处理的钻石和实验室培育钻石用于珠宝首饰。

20世纪90年代初，铂金作为一种重要的珠宝金属在北美重出江湖。然而，日本消费者已经意识到铂金的优势。在日本销售的所有结婚戒指和订婚戒指中，约有90%的戒指是铂金材质。有趣的是，第二次世界大战期间，日本并没有禁止在珠宝中使用铂金。相反，日本政府认为黄金是一种战略金属。

1992年，美国国际铂金协会（PGI）成立，旨在重新教育美国消费者认识到铂金的耐用性和优雅性。该协会向珠宝商提供了技术培训，帮助珠宝商应对采用铂金制作珠宝首饰面临的挑战。国际铂金协会的努力得到了回报。铂金首饰现在普遍可得，许多美国人享受到它的好处。铂金首饰受人欢迎，在中国和印度也风靡起来。

形状方面，圆形钻石仍然时兴，而对花式形状钻石的需求则十年一变。例如，在20世纪80年代，榄尖形切割钻石的需求量很大，成本可能超过相同尺寸和品质的圆形切割钻石。后来，公主方切割更受人欢迎。然而，如今一些交易商表示，某些花式切割钻石的买家难寻。据*Rapaport*杂志2021年2月刊报道，椭圆形钻石的需求量很大，但钻石难寻，梨形和枕形钻石的需求旺盛。但无论客户心仪何种形状或切割风格，在现代风格珠宝中都可以实现客户所想，哪怕是古老的切割工艺，例如桌形切割、玫瑰式切割和老矿式切割。科罗拉多州博尔德（Boulder）的设计师Todd Reed是最早在当代奢侈珠宝中使用原钻和老式切割钻石的先锋之一。

（接上页）手工打造的钻石戒指，由珠宝设计师Todd Reed提供。这些戒指镶有各种颜色、形状、切割风格和透明度的天然切割钻石和原钻。戒指中使用的金属包括纯银、钯、18k黄金和带有黑变的纯银。照片*由Todd Reed*提供

这款名为Baag的吊坠是一只西伯利亚白虎。这款吊坠镶嵌白色、棕色和黑色钻石，以两颗海蓝宝石作为虎眼，一颗俄勒冈州火蛋白石作虎鼻。（Baag或Bagh在印地语和喜马拉雅语中指"老虎"。）

这款首饰名为Okami，在日语中是"狼"的意思，镶嵌有棕色钻石、白色钻石和拉长石，并配以琥珀作狼眼，以黑玉作狼鼻。灰狼在欧洲、亚洲和北美洲大部分历史区域已被消灭。在黄石公园等放归灰狼的地方，其他动植物物种的多样性和丰富性充实，超乎预期。

这款名为Clouded Leopard的克雷沃塞吊坠由18k黄金制成，镶嵌有黑色和棕色钻石。豹鼻由俄勒冈州火蛋白石制成，豹眼由海蓝宝石和黑钻石制成。

这款名为April的长颈鹿吊坠胸针由18k黄金和玫瑰金制成，饰有棕色和黑色钻石，还有两只祖母绿鹿眼。

吊坠和胸针由珠宝艺术家和画家保拉·克雷沃塞提供。这些动物的真实写照是克雷沃塞濒危物种系列的一部分。她的作品曾在多家博物馆展出，目前在美国宝石学院（Gemological Institute of America）、卡内基自然历史博物馆（Carnegie Museum of Natural History）和史密森尼学会（Smithsonian Institution）的国家宝石收藏馆展出。照片由克雷沃塞工作室提供

长款悬垂式个性耳环，如上图中的18k玫瑰金耳环，是2020年的流行趋势。左边的纽扣式耳环专为喜欢简约风格的人设计。

两对耳环均由Asian Star Group设计制作，耳环所用钻石均由同一家公司切割和抛光。图片来源：© *Asian Star Group*

镶有圆形明亮式切割钻石和半透明彩色钻石的钻石手镯，由Hubert Jewelry提供。*Diamond Graphics*拍摄

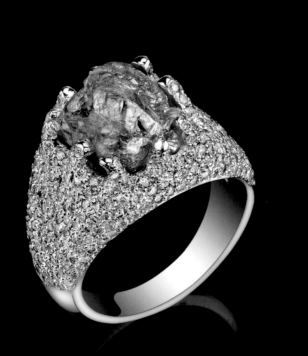

镶有原钻和多切面钻石的戒指和耳环，由Hubert Jewelry提供。*Diamond Graphics*拍摄

这些彩色钻石戒指的特点是采用采自澳大利亚阿盖尔钻石矿的粉色钻石，该矿建于1983年，于2020年关闭。在此期间，阿盖尔矿出产的粉色和棕色钻石比任何其他矿都多。戒指顶部结合采用光环和toi et moi（法语中指"你和我"）风格。Toi et moi戒指有一个指环，上面有两颗主宝石，每颗宝石代表配偶之一，这种样式可以追溯到16世纪和维多利亚时期。这种戒指样式在现代风格珠宝中重现。戒指和照片*由Gems by Pancis*提供

一枚蓝宝石钻石戒指和一枚彩色钻石戒指，由Peter Indorf Designs提供。戒指和照片*由Peter Indorf*提供

钻石和18k黄金冠状头饰袖口手镯，由芭芭拉·海因里希（Barbara Heinrich）提供。照片由蒂姆·卡拉汉（*Tim Callahan*）提供

黑钻石项链垂饰和串珠项链，由芭芭拉·海因里希提供。20世纪90年代，设计师开始在珠宝首饰中使用黑钻石，2010年的电影《欲望都市2》中角色卡丽（Carrie）获赠一枚5克拉的黑钻石订婚戒指后，黑钻石更受欢迎了。照片由蒂姆·卡拉汉提供

巴西帕拉依巴碧玺和钻石项链。这种帕拉依巴碧玺呈铁蓝色，内部净度完美无瑕，尺寸巨大（近60克拉），因而成为世界上最稀有的一种电气石。帕拉依巴宝石周围环绕中彩粉钻石，还有榄尖形钻石和梨形钻石组成的花环。吊坠悬挂在一条由50多克拉的钻石串成的项链上。每颗钻石均经过手工切割和校准，使项链左右两侧相应位置的钻石匹配。项链和照片由*Dehres Ltd.*提供

Dehres Ltd.的这五枚非凡的钻石戒指非常罕见，属于现代风格。
从中心按顺时针方向：
· 10.28克拉梨形D色内部无瑕钻石
· 5.02克拉雷迪恩切割艳彩紫粉色VVS$_1$钻石，名为Bubblegum Pink
· 16.32克拉雷迪恩切割艳彩黄色VS$_1$钻石
· 7.68克拉雷迪恩切割艳彩粉橙色SI$_2$钻石，名为Lotus Bloom
· 2.84克拉枕形切割浓彩蓝绿色SI$_2$钻石
戒指和照片由Dehres Ltd.提供

6 钻石如何定价？

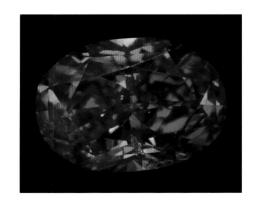

Blazing Red，一颗0.92克拉的彩红色钻石（美国宝石学院）。钻石和照片由 *Dehres Ltd.*提供

1987年4月28日，一颗0.95克拉的巴西钻石在纽约市克里斯蒂拍卖会上以880,000美元的价格售出。这枚钻石有两处瑕疵：桌面上有一个深孔，边缘还有一个孔。尽管它存在瑕疵，尺寸也小，但仍然创造了拍卖的所有宝石中每克拉宝石最高价格的世界纪录——926,000美元，而且这一纪录保持了20年。这枚钻石以沃伦·汉考克（Warren Hancock）的名字命名为汉考克红钻（Hancock Red）。据报道，沃伦·汉考克是一名收藏家，他于1956年以13,500美元从当地珠宝商手中买下了这枚钻石。

为什么汉考克红钻的价格如此之高？它的自然色彩是极其罕见的深紫红色。如左侧照片中Blazing Red钻石般的纯红色可以获得更高的价格。颜色是决定天然钻石价格的最重要因素。颜色越罕见，价格就越高（前提是所有其他因素相同）。最稀有、价格最高的钻石颜色是紫罗兰色和红色。价格最低的钻石颜色是棕色和灰色。

无色钻石的价格只是红色钻石价格的一个零头。举例来说，以不到20,000美元的价格可以买到一颗切工优良的0.95克拉无瑕D色圆形钻石，但颜色以外的因素在钻石定价中也起着关键作用。除颜色外，决定钻石价格的其余七个基本因素如下：

◆ 克拉重量
◆ 切割质量：比例、修饰度和光学属性（亦称光性能）
◆ 切割方式和宝石形状
◆ 净度：宝石没有内含物和表面瑕疵的程度

◆ 透明度：宝石清晰透明、朦胧模糊或浑浊不清的程度

◆ 处理水平：宝石是否未经处理或经过处理，以及宝石的处理类型

◆ 创造：宝石是否天然或实验室培育

在本章中，你将了解这些因素如何影响钻石价格，以及实验室报告和钻石鉴定中对这些因素的描述。

颜色

最广泛使用的钻石颜色分级体系是由美国宝石学院开发的两种体系：其一针对的是无色至浅黄色、棕色或灰色钻石，另一体系针对的则是具有明显体色深度的天然钻石，称为彩色钻石。

美国宝石学院的首个颜色分级体系于20世纪50年代开发。该体系用从D到Z+的字母来鉴别颜色。D色是该分级体系中等级最高同时也最昂贵的颜色等级。颜色越少，价格就越高，除非颜色达到略强于淡黄色的程度（指定为淡彩黄等级）。随着淡彩黄钻石的颜色强度增加，其价格也会增加。

下图有助于解释美国宝石学院颜色等级的含义。棕色和灰色钻石的等级相同。

D E F	G H I J	K L M	N to R	S to Z	Z+
无色	近无色	极微黄色	轻微黄色	淡黄色	淡彩黄色

不同等级之间的颜色细微差别非常小，以至于普通消费者无法分辨D色和F色等级之间的差异。然而，D和F等级无色钻石之间的价格差异可能高达10%至35%，具体取决于钻石的大小和净度。专业人士必须依靠比色石来确定颜色等级，即便如此，也很难区分D级或E级无色钻石。从无色到Z色的钻石在标准日光等效荧光照明下，在非反射白色背景下正面朝下查看分级。下图显示了宝石侧面和底部的颜色。

美国宝石学院宝石实验室的比色石颜色从E到O不等。（注意：请勿使用此照片对钻石颜色进行分级。打印和显影过程以及纸张颜色通常会改变照片中宝石的真实颜色。）*照片由蒂诺·哈米德©美国宝石学院提供；经许可转载*

颜色深度超过Z色的钻石使用第二个体系进行分级，该体系使用文字而不是字母等级来描述颜色。例如，超过Z级的黄色钻石分级为淡彩黄色，然后是彩黄色。下一个颜色等级是浓彩黄色。黄色钻石的最高颜色等级是艳彩黄色。如果黄色上面覆盖一层棕色，根据宝石的颜色深色程度，宝石可能分为暗彩黄色或深彩黄色级别。正黄色钻石比棕黄色钻石昂贵。彩色钻石不同于无色到淡黄色钻石，彩色钻石在分级时正面朝上查看。

下页图表说明了美国宝石学院建立的颜色等级与颜色（色调）的数量和明暗度以及颜色的纯度（饱和度和棕色或灰色遮盖颜色的程度）之间的关联。美国宝石学院宝石实验室也有其在彩色钻石分级时提到的比色石。但考虑到彩色钻石的成本和可能的颜色组合数量，鉴定人员负担不起彩色比色石。相反，他们根据大型宝石实验室指定的等级进行鉴定评估，这些大实验室拥有

一枚25.23克拉的艳彩黄色钻石戒指。这枚戒指在2020年10月的达拉斯精美珠宝遗产拍卖会上以975,000美元的价格售出。图片来源：*© Heritage Auctions（HA.com）*

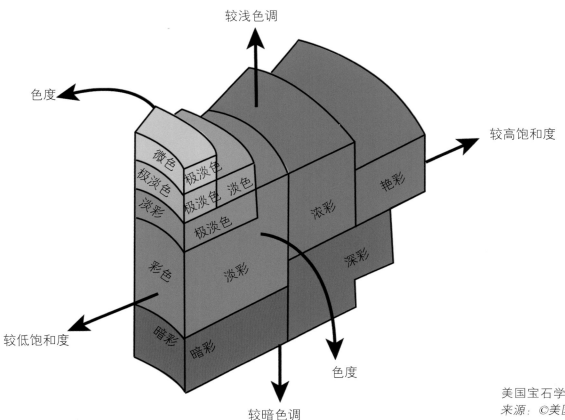

较浅色调

色度

较高饱和度

微色
极淡色 极淡色
极淡色 淡色
淡彩
浓彩
艳彩
极淡色
彩色
淡彩
深彩
较低饱和度
暗彩 暗彩
色度
较暗色调

美国宝石学院彩色钻石术语图表。图片
来源：©美国宝石学院；经许可转载

精密的设备，能够确定钻石颜色是天然本色，还是经过处理的结
果。只有天然彩色钻石才能获得美国宝石学院颜色等级。

纯粹的钻石颜色十分罕见。二次色通常存在，可使用棕色或
灰色进行调整。颜色等级"彩灰黄绿色"就是一个例子。在所有
其他因素相同的情况下，等级为"彩绿色"的钻石价格会更高。
请记住，颜色等级代表一系列颜色，因此相同等级的两颗钻石的
颜色可能略有不同。例如，一颗彩黄绿色钻石可能比另一颗具有
相同美国宝石学院颜色等级的钻石看起来更绿一些。

极为罕见的彩色美国宝石学院分级钻石。（请记住，打印和显影过程通常会改变照片中宝石的真实颜色。）钻石和照片由*Dehres Ltd.*提供

Bubblegum Pink，一颗5.02克拉的艳彩紫粉色钻石

Green Harmony，一颗1.19克拉的艳彩黄绿色钻石

Nightfall，一颗1.25克拉的深彩蓝色钻石

The Eternal Sun，一颗10.05克拉的
艳彩黄色钻石

Ocean Teardrop，一颗0.90克拉的
艳彩蓝色钻石

Viva Verde，一颗1.01克拉的
艳彩绿色钻石

Hubert Jewelry戒指中心钻石的美国宝石学院颜色等级。
*Diamond Graphics*拍摄

一颗彩橙粉色钻石

一颗彩灰色钻石

一颗中彩蓝钻石，两侧镶嵌艳
彩紫粉色钻石和浓彩紫粉色钻石

一颗淡彩绿色钻石

一颗浓彩黄绿色钻石

一颗浓彩黄色钻石

一颗中彩粉钻石，
两侧镶嵌中彩蓝钻石

一颗淡彩黄色钻石

一颗淡彩蓝色钻石

一颗深彩棕黄色钻石

一颗彩黄绿色钻石

一颗彩橙棕色钻石

克拉重量

克拉是重量单位，等于五分之一克（约0.007盎司）。克拉这个词起源于16世纪，当时宝石用角豆称重。一颗角豆重约1克拉。1907年，欧洲统一了克拉重量，并采用公制计量。美国于1913年采用该标准，英国于1914年采用该标准。尽管零售店通常会标明每颗钻石的总价，但宝石交易商通常会报出每克拉的价格（每克拉单价），因为这样更容易比较不同重量宝石的价格。大多数情况下，克拉重量类别越高，钻石的每克拉单价就越高，因为更大的钻石更理想；但重要的是要记住，克拉重量只是钻石定价的一个因素，颜色、切工和净度等因素将对价格产生很大影响。小钻石的重量通常以分数表示，一分等于0.01克拉。例如，五分即百分之五克拉的简短表示方式。重0.05克拉的钻石被称为五分钻石。如果一颗钻石的广告宣传称其为"0.25分"，这可能会被误读为重0.25克拉（即四分之一克拉），而实际上0.25分等于一克拉的四百分之一。

在钻石区，你可能还会听到"格令"这个词。这个词以0.25克拉（即一格令）的倍数来描述钻石的重量。因此，一颗四格令钻石即一克拉钻石。

消费者也可能会误将标签"1 ct TW"或"1 ctw"（代表总重1克拉）认为是重量"1克拉"，认为一颗宝石重1克拉。相较于一枚拥有"1 ctw"同等质量钻石的戒指，一枚拥有"1 ct"顶级钻石的戒指的价值可能在其10倍以上。

在给钻石定价时，要考虑每克拉的成本。使用以下等式计算钻石的总成本：

早期的宝石交易商使用角豆作为砝码来平衡天平。*Alp Aksoy / Shutterstock*

宝石总成本=克拉重量×每克拉成本

钻石可以分为由定价指南确定的重量类别。重量低于1克拉的钻石的重量类别可能因交易商而异。以下重量类别基于《Rapaport钻石报道》(*Rapaport Diamond Report*)中列出的重量类别，该报告是钻石交易商使用最广泛的钻石定价指南。随着种重量类别上升，钻石的价格可能会上涨5%到50%。

钻石的重量类别					
0.01—0.03 ct	0.04—0.07 ct	0.08—0.14 ct	0.15—0.17 ct	0.18—0.22 ct	0.23—0.29 ct
0.30—0.39 ct	0.40—0.49 ct	0.50—0.69 ct	0.70—0.89 ct	0.90—0.99 ct	1.00—1.49 ct
1.50—1.99 ct	2.00—2.99 ct	3.00—3.99 ct	4.00—4.99 ct	5.00—5.99 ct	10.00—10.99 ct

随着钻石的重量增加，每克拉价值也随之增加，这一定律也有一些例外。由于需求量大，重5、10或15分的钻石可能比奇形怪状的更大钻石的每克拉成本更高。此外，质量更好的0.01克拉至0.035克拉钻石的每克拉成本有时高于重0.06克拉至0.08克拉的钻石。1987年至1989年的情况就是如此，当时的网球手链中使用了三分钻石，因此三分钻石的需求量异常高。

钻石定价的复杂程度可能让人感到气馁，但你无需了解定价体系的细节就能买到有价值的钻石。只需谨记，克拉重量和其他因素都会影响钻石的每克拉价值，并且遵循以下两条准则：

比较每克拉成本，而不是钻石的总成本。例如，如果一颗钻石重2克拉，总成本为10,000美元，最好将其每克拉5,000美元的成本与其他钻石的每克拉单价进行比较。

在判断价格时，比较大小、形状、质量和颜色相同的钻石。

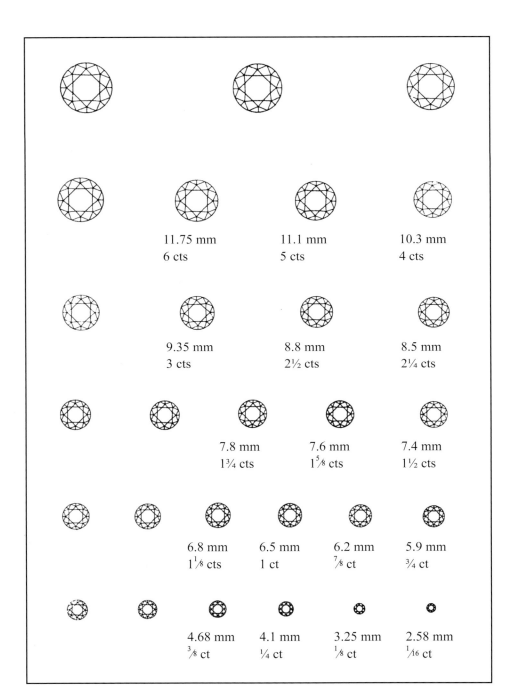

11.75 mm
6 cts

11.1 mm
5 cts

10.3 mm
4 cts

9.35 mm
3 cts

8.8 mm
2½ cts

8.5 mm
2¼ cts

7.8 mm
1¾ cts

7.6 mm
1⅝ cts

7.4 mm
1½ cts

6.8 mm
1⅛ cts

6.5 mm
1 ct

6.2 mm
⅞ ct

5.9 mm
¾ ct

4.68 mm
⅜ ct

4.1 mm
¼ ct

3.25 mm
⅛ ct

2.58 mm
1/16 ct

切工优良的圆形明亮式钻石的近似直径和相应重量。(注：1英寸等于25.4毫米。)图表来源：©美国宝石学院；经许可转载

切割质量

"钻石切割"一词令人困惑，因为它既可以指钻石的形状和切割方式（我们将在下一节中讨论），也可以指切割质量，也称为钻石的"工艺""车工""切割质量"或"切割等级"。切割质量可以由切割师控制，这一点极为重要，因为它会影响钻石的美感和亮光。美国宝石协会（AGS）将亮光定义为"具有正对比度效果的亮度"。亮度是实际或感知到的钻石反射光线数量。一颗明亮式钻石拥有令人愉快的规则图案，其中含有尖锐、明亮和黑暗的区域。

判断切工时，应评估以下内容：

来自宝石实验室的高亮光钻石。*照片由Gem Lab的保罗·卡萨里诺拍摄*

◆ 亭部、冠部、桌面和腰部的比例；

◆ 修饰度，细分为抛光和对称；

◆ 光学属性或光性能，即亮度、火彩、闪烁（闪光）和对比度。

切割质量评估涉及两个基本考虑因素：

1. 钻石正面朝上时，你是否看到整个钻石的亮光？钻石的亮光应不受大块暗色区域或白色环形区域干扰。

2. 你是否为缩小钻石朝上面的大小而支付超重费用？

这些因素互不相关。一颗钻石可以有很高的亮光，但亮光占比太大使钻石正面朝上时看起来重量较小。

你应该使用带有半透明白色灯罩的荧光灯等漫射光源，在放大镜下用肉眼观看，评估钻石的亮光。聚光灯和裸露的灯泡突出了闪烁和火彩，但也可以产生黑暗阴影。透过半透明灯泡或材料的光使光线扩散更均匀。但在选择钻石时，应在各种照明条件下进行检查，

一颗切工优良的钻石，亮光璀璨。照片由
*Gem Lab*的保罗·卡萨里诺拍摄

一颗祖母绿形切割钻石，亮光璀
璨。图片来源：© *芮妮·纽曼*

一颗圆形钻石，其亭部较深，中心呈暗色。*图
片来源：© 芮妮·纽曼*

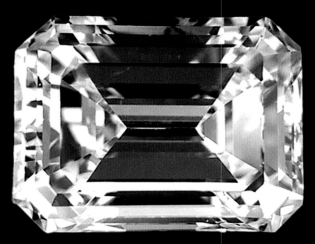

一颗祖母绿形切割钻石，其有一个大蝶
形领结。图片来源：© *芮妮·纽曼*

一颗圆形钻石，其亭部较浅，圆环（鱼眼）呈
白色。图片来源：© *芮妮·纽曼*

一颗亮光、火彩、抛光和对称都卓尔不凡的钻石的两种视图。这种顶级钻石通体呈现出耀眼的亮光，即使倾斜也没有透视效果。照片由*ACA Gem Lab*的迈克·考林（*Michael Cowing*）提供

并远离直接照明。最好的钻石在各种照明条件下看起来都不错。

优良的钻石正面朝上时，宝石通体会呈现出耀眼的亮光。好的钻石应该没有暗区或褪色区；你应该无法透视宝石的底部。梨形、榄尖形、椭圆形或祖母绿形切割等花式切割可能会呈现出深色蝶形领结。蝶形领结越大，颜色越深，宝石就越不理想。大多数花式形状钻石至少有一个轻微的蝶形领结，但当领结明显到足以分散注意力时，蝶形领结会降低钻石的价值。偶尔也可以看到其他深色图案，如祖母绿形切割形成的十字架图案。

有时，圆形钻石的正面朝上视图呈现出白色的环形区域。在钻石交易中，这个环形区被称为鱼眼。这是由于亭部太浅的钻石中腰部反射形成的现象。白环越厚、越突出，切工就越差。除了外观不好外，鱼眼钻石通常没有切工优良钻石的亮光。另一方面，如果圆形钻石的亭部太深，钻石的中心看起来显得暗沉。

如果正面朝上观看时向前后方向倾斜，切工优良的钻石也会通体呈现出良好的亮光。当宝石、光源或观察者移动时，多切面钻石会反射闪光。这种效应称为闪光。在聚光灯下观看时，切工优良的钻石也能很好地呈现出彩虹色，称为火彩，技术上称之为色散。

除了具有高亮光和火彩外，最好的钻石还具有极好的对称性和抛光度。它们没有表面瑕疵，切面整齐一致，形状良好。

切割方式和形状

　　钻石的形状在决定钻石价格方面可以发挥重要作用。例如，一颗1克拉的无色圆形钻石的价格可能比同样颜色等级和质量的1克拉方形钻石高15%到30%。

　　圆形和花式形状（非圆形）钻石定价不同的原因多种多样。重量超过0.25克拉时，圆形钻石通常比其他形状的钻石要昂贵，因为其需求量更大。但百分比差异可能因宝石的大小和质量、销售时的供需情况以及出售宝石的交易商而异。由于不同形状宝石的定价十分复杂，因此对于消费者而言，最容易的做法是在为钻石定价时简单地比较相同形状的宝石。

　　原钻晶体在切割前的形状也会影响定价。长钻石晶体被切成椭圆形、梨形或祖母绿形时，通常比切成圆形时更重。这意味着，这种花式形状钻石的每克拉成本可能低于圆形钻石，但仍然可以从原始原钻中获得相同的利润。购买花式形状钻石的另一个优势是，它们通常比同等重量的圆形钻石正面朝上时看起来更大。

　　如果将方形八面体切割成公主方切割钻石，则在原钻基础上切割获得的重量大于切割成圆形钻石时的重量。这正是为什么公主方切割和方形祖母绿形切割钻石的每克拉售价通常低于同等重量和质量的圆形切割钻石的主要原因。由于库存成本和劳工成本更低，因此不到八分的圆形小钻石有时比同等重量和质量的花式形状小钻石的价格更低。花式形状小钻石额外的劳工成本部分归因于钻石切割需要的专业技能。较之于花式形状小钻石，切割、测量和选择圆形小钻石耗费的时间更少。此外，圆形小钻石销售得更快，因此弥补库存成本所需的利润率更低。正面朝上时，在相同原钻基础上切割而成的花式形状钻石比圆形钻石呈现出更强烈的颜色。这正是浓黄色圆形切割钻石比浓黄色雷迪恩切割钻石更为昂贵的一个主要原因。如要达到同样的浓黄色正面朝上颜

| Round | Princess | Emerald | Pear | Radiant |

| Marquise | Cushion | Heart | Oval | Asscher |

钻石形状和切割方式。*图片由KT Diamond Jewelers提供*

色，圆形钻石的原钻必须比雷迪恩切割钻石的原钻颜色深，部分原因是切割师无法通过圆形钻石的角度和形状尽可能地最大化颜色。原钻的颜色越浓，原钻的价格就越高。钻石的最终价格在很大程度上取决于原钻的成本。

花式形状钻石的价格大多数因切割方式而异。20世纪80年代，榄尖形钻石的需求量很大，可能比同等重量和质量的圆形钻石更为昂贵。2020年，榄尖形钻石的需求减弱，因此每克拉榄尖形钻石的售价通常低于同等重量和质量的椭圆形、梨形和枕形钻石。然而，榄尖形钻石的需求量现在再度增加。最近，公主方切割钻石的需求也很疲软。其中一个原因是，许多在公主方切割钻石订婚戒指特别风行时收到戒指的人离婚后将戒指转售以换取现金。根据《Rapaport钻石报道》，随着市场趋势最近从方形转向曲线形，椭圆形钻石一直是最畅销的花式形状钻石。

切割方式也会对价格产生轻微的影响。双翻圆形明亮式钻石比单多面形切割钻石的售价高，单多面形切割钻石的切面更少。切割钻石的新方式在持续不断的发展中。大多数此类非传统切割都有品牌名称，品牌钻石的溢价可能高达10%。品牌切割方式通常比相同尺寸、形状和质量的普通切割方式成本更高，因为品牌切割方式的制作和广告费用更高。有时，价格差异源于切割质量。通常，品牌花式形状钻石最大的一个优势是其切割质量始终如一。

净度

　　净度定义为宝石没有外部痕迹（称为表面瑕疵）和内部特征（称为内含物）的程度。净度分级的五个因素是大小、数量、位置、种类和明显度（内含物的对比度和颜色）。表面瑕疵和内含物越少、越小、越不明显，宝石的净度就越好，价格也就越高。有些人可能将表面瑕疵和内含物称为缺陷或瑕疵。宝石学家通常不喜欢使用这些术语，因为它们具有负面含义。

　　购买一颗有内含物和表面瑕疵的钻石对你来说是有利的。它们可以证明你的钻石是未经处理的天然钻石；可以作为区别性特征，有利于保护你的钻石不被替换；可以在不影响钻石美观的情况下降低钻石的价格；还可以让你觉得自己的钻石独一无二。因此，如果你购买钻石是为了个人享受，那就不必担心会找到一颗完美无瑕的钻石，只需担心会降低钻石吸引力和耐用性的内含物，比如大裂缝。

　　净度分级体系多种多样，但全球范围内使用的最著名的体系是美国宝石学院1953年开发的分级体系。如果你使用美国宝石学院体系，世界上任何对钻石有了解的交易商或珠宝商都能够明白你所指的含义。所有主要体系的净度等级描述均假设训练有素的评级者在有效照明下，在放大10倍完全校正的条件下进行评级。美国宝石学院在上述条件下界定了11个净度等级，如下所示：

美国宝石学院净度等级* * 适用于经过训练的评级者使用10倍放大镜在适当照明下查看评级	
FL	无瑕级：无表面瑕疵或内含物
IF	内无瑕级（镜下无瑕级）：没有内含物，只有微不足道的表面瑕疵
VVS_1和VVS_2	极轻微内含级：从极难看见（VVS_1）到很难看见（VVS_2）的微小内含物
VS_1和VS_2	轻微内含级：从难以看见（VS_1）到稍微容易看见（VS_2）的微小内含物
SI_1和SI_2	微内含级：容易看见（SI_1）或非常容易看见（SI_2）的微小内含物
I_1, I_2和I_3；欧洲：P_1,P_2和P_3	轻微内含级：从难以看见（VS_1）到稍微容易看见（VS_2）的微小内含物

在暗场照明下放大10倍观看的美国宝石学院净度等级为I₁的钻石。图片来源：©芮妮·纽曼

同样的I₁钻石在头照灯照明下放大10倍观看。图片来源：©芮妮·纽曼

专业人士使用显微镜来判断净度时，他们通常使用一种被称为暗场照明的照明装置来检查宝石这种方法利用黑暗背景下来自侧面的漫射照明。（磨砂灯泡或阴影灯泡发出漫射光，而透明灯泡则不能。）在这种照明条件下，微小的内含物甚至灰尘颗粒的明显度高，非常显眼。因此，宝石的净度看起来比正常条件下更差。

除了使内含物和表面瑕疵更加突出外，暗场照明还隐藏了亮光。为了准确评估钻石的美观、亮光和透明度，应该在头照灯照明（宝石上方照明）下查看钻石，这是通常观看珠宝和宝石的方式。（头照灯照明时光线从切面反射，而暗场照明则是光线穿透过宝石。）若要看到钻石的美丽被放大，最快捷、最简单的方法是使用优质的高倍放大镜以10倍倍率放大观看。

如果你让销售人员在显微镜下给你看一颗钻石，他们不太可能使用头照灯。相反，他们可能只让你在暗场照明下观看宝石。请记住，内含物在暗场照明下比在头照灯照明下看起来更显眼。为了从平衡的视角观看宝石，还可以在宝石上方照明，使用高倍放大镜观察钻石，这也是钻石分级实验室确定最终等级的方法。

透明度

美国宝石学院和Robert Webster的《宝石》（*Gems*）一书将透明度定义为"宝石在没有明显散射的情况下透射光的程度"。他们列出了从最透明到最不透明的五类透明度，如下所示：

◆ 透明：透过宝石看到的物体看起来清晰、清楚。
◆ 亚透明：透过宝石看到的物体看起来略显朦胧或模糊。
◆ 半透明：宝石模糊、混浊不清，像磨砂玻璃。

◆ 次半透明或微透明：只有一小部分光线可以穿透宝石，主要是在宝石边缘。

◆ 不透明：几乎没有光线可以穿透宝石。

矿物学家使用"透光性"一词，但宝石学家更喜欢使用术语"透明度"，因为"透明度"一词对大多数人来说更容易理解。透明度在决定宝石的价值和可取性方面具有重要作用。大多数情况下，透明度越高，宝石的价值就越高。

17世纪著名的法国宝石商人尚-巴蒂斯特·塔维尼埃将透明度极高且无色的钻石称为"水色最好的宝石"，因为这些钻石看起来无色，如晶莹清澈的水一般。古柏林宝石实验室（Gübelin Gem Lab）针对非常透明的大颗无色IIa型新钻石为钻石报告提供了最佳水色附录（有关钻石类型的信息，请参见第1章）。

众所周知，历史上许多透明度极优的大颗钻石出产自印度戈尔康达钻石交易中心附近的矿山。因此，"戈尔康达"是另一个贸易中偶尔用于描述极其透明的钻石的术语。

"戈尔康达"一词也用于描述具有其他理想属性的高透明度钻石。例如，古柏林宝石实验室针对符合一套特定标准的旧钻石发布了一份戈尔康达附录及钻石分级报告，这些旧钻石符合D色、高透明度、内部无瑕级或可改进至IF级等标准，至少是5克拉大小的IIa型仿古风格钻石。获得戈尔康达附录的一个强制性步骤和条件是，实验室必须在宝石重新抛光之前进行查看，以确保钻石并非一颗采用仿古切割方式的新钻石。

发布古柏林戈尔康达附录是基于众所周知的著名戈尔康达钻石砂的典型质量标准，而不是严格意义上的地理来源确定。换言之，附有戈尔康达附录的钻石不一定来自戈尔康达市场附近的矿

一颗高透明度的钻石。图片来源：© 芮妮·纽曼

一颗略显浑浊的亚透明钻石。图片来源：© 芮妮·纽曼

一颗中心部位有云状物的浑浊的半透明钻石。图片来源：© 芮妮·纽曼

山，相反，出产自戈尔康达地区的钻石也不一定品质优良。在除印度以外的其他国家发现了IIa型D色IF级钻石，甚至在美国也发现了这种钻石。

净度和透明度相互关联，但又有所不同。如果透明钻石中有一个云纹斑点，则云状物是一个净度特征。如果整颗钻石由于亚显微水平的内含物而浑浊不清，那么浑浊则是一个透明度问题。如果钻石非常浑浊，这可能会影响净度等级。但在大多数情况下，净度等级并非钻石的透明度指标，因为钻石分级实验室通常不会考虑透明度的细微差别。VS净度等级的钻石可能模糊且略显浑浊，而不完美净度等级的钻石可能清澈透明。

检查透明度时，从不同的角度检查钻石，查看钻石是否像水晶玻璃或纯净水一样清澈。正面朝上时，钻石应该是明亮夺目的，并且暗色区域和明亮区域之间应该形成强烈的对比度。判断透明度时，要确保钻石洁净无染，用肉眼以10倍倍率放大检查。此外，还应在不同的照明条件（漫射荧光灯、白炽灯、阳光和避光）下观察钻石。请记住，白色物体或墙壁可以反射到钻石中，使钻石看起来不如实际透明。使用高度透明的钻石样本进行对比非常有用。这样可以更容易发现透明度和模糊度的细微差别，使评估更加准确。

有些人错误地认为，可以通过钻石的荧光程度来确定钻石的透明度，而具有中强度荧光的钻石看起来混浊不清，或有油腻感。高荧光钻石可以是完全透明的。《宝石和宝石学》1997年冬季刊封面展示了海瑞·温斯顿的一条透明钻石项链，项链中使用了一些中强度荧光的钻石，海瑞·温斯顿从来不会在他的珠宝首饰中使用黯淡无光的钻石或低级钻石。

有时消费者想知道，为什么两颗重量、形状、颜色、净度和

一颗符合所有标准的6克拉钻石，可以获得古柏林戈尔康达附录。照片由古柏林宝石实验室经李·席格森（Lee Siegelson）许可提供

切割等级都相同的钻石的价格却大相径庭。其中一个原因可能是，钻石的透明度存在明显差异。

此外，颜色、净度和切割等级也代表着各种品质。一颗高SI_2等级的钻石看起来比低SI_2净度等级的钻石要好得多。

此外，并非所有卖家都会透露钻石颜色和净度是自然结果，还是经过处理的结果。这些将在下一节中讨论。

处理水平

与彩色宝石不同的是，大多数钻石都是未经处理的。但这种情况正在发生改变；不能再假设钻石的颜色和净度是天然而成的。明智的做法是询问钻石是否未经处理，是否附有信誉良好的独立分级实验室出具的实验室文件。可以经过几种处理改善钻石的净度、颜色、透明度和适销性。

裂隙填充

这个过程中使用一种物质填充极其狭小的裂缝，填充后几乎看不出原来的裂隙，从而提高钻石净度和透明度。使用的填料是玻璃状薄膜，因此这道工艺不会给宝石增加可测量的重量。即使可能看不到裂隙，但填充后的裂隙仍然存在于钻石中。钻石填充工艺的另一个名称是玻璃填充。更广泛的术语是净度优化。净度优化（CE）钻石可以采用裂隙填充或激光钻孔方式优化。根据《宝石指南》（*Gem Guide*）的市场信息，裂隙填充钻石的折扣幅度在20%到40%之间。请注意，直接加热、酸洗、重新抛光或反复清洁程序可能会去除或损坏填料。

钻石中的激光钻孔。图片来源：©芮妮·纽曼

一颗未经辐照和退火处理的1.15克拉公主方切割钻石。钻石和照片由*Lotus Colors Inc.*提供

激光钻孔

激光钻孔是另一种净度优化方法。其目的是去除深色内含物。聚焦激光束在钻石的深色区域钻出一个窄孔。如果内含物未被激光本身气化蒸发，也会在酸洗过程中溶解或漂白。经过处理后，宝石正面朝上时，钻孔看起来像一个白点，从侧面看像一条细长的白线。激光钻孔是一种永久性处理。深色斑点以后不会再出现，也不会降低宝石的净度等级。激光钻孔钻石的折扣从百分之几到30%不等。

有时，钻孔被填充，因此从侧面看不到钻孔。如果钻孔被填充，可能难以发现填充后的钻孔，如同填充裂隙一样。此类宝石被视为填充和钻孔宝石。

涂层

为了提高钻石的颜色等级，有时会对钻石进行涂层处理。氟化物涂层（比如应用于眼镜镜片的氟化物涂层）可以掩盖钻石的黄色体色。通常在钻石亭部进行涂层处理，但偶尔只在腰部或腰部周围涂上一层薄薄的涂层。钻石也经过涂层处理改变颜色。使用的还有指甲油、珐琅、硅、金属氧化物薄膜等物质。钻石上的涂层不是永久性的，在珠宝修复过程中可能会损坏。

辐照和加热（退火）

J至U色范围和F至H色范围内的棕色和微黄色钻石有时在无氧环境中进行辐照和加热（退火）处理，达到850ºF（450ºC）及以上温度，形成各种各样的颜色。辐照使钻石呈现蓝绿色或蓝色，退火使颜色稳定并形成新的颜色。F至H色用于淡蓝色优化钻石。实验室报告和本章其余部分将整个工艺过程称为"辐照"。

经过辐照处理的微黄色钻石可以变成正黄色或黄绿色。棕色钻石经过辐照处理后可以变成中至深蓝色或绿色、棕黄色（金黄色）、棕橙色（橙色干邑）、棕红色（红色干邑）、紫色或黑色。具体结果可能因钻石而异。

辐照钻石的颜色基本保持稳定，但有些钻石一接触珠宝商的火炬就会变色。

经过辐照和退火处理后的同颗钻石（与上图为同一颗钻石）。钻石和照片由Lotus Colors Inc.提供

低压高温（LPHT）处理

现今的大多数黑钻石都是在低压条件下将含有大量内含物的钻石加热到2,372°F（1,300°C）以上的温度，使裂隙石墨化变黑而成。经过辐照处理的黑钻石在透射光下通常呈蓝色至绿色，与之不同的是，加热钻石呈纯黑色。除了更黑之外，加热黑钻石的成本低于辐照黑钻石，但加热黑钻石对酸的耐腐蚀性不如辐照黑钻石。强酸可以使加热黑钻石看起来显得烧焦发白。

高压高温（HPHT）处理

20世纪70年代，这一工艺首次用于改变钻石的颜色。实验室能够在极端压力条件下将钻石加热到2,372°F（1,300°C）以上的温度，生成黄色和绿色两色。直到1999年，该行业才了解到，可以使用相同的处理工艺将廉价的棕色钻石变成无色钻石。换言之，通过高压高温处理可以生产D、E和F色钻石。有时，这些钻石被认定为"经过加工的"。如果实验室报告上的颜色等级后面有一个星号，请检查是否有注释表明钻石经过处理后改变了颜色。

彩色高压高温钻石于2000年上市。黄绿色是最常见的颜色，但蓝色、粉色和红色等色也在生产之中。如有消费者找不到这些颜色的天然宝石，现在可以选择购买价格低得多的经高压高温处

颜色优化钻石。钻石和照片由*Lotus Colors Inc.*提供

理的宝石。经高压高温处理的钻石在清洁或珠宝修复过程中不需要任何特殊护理。

购买颜色优化钻石的一大优势是价格。这些钻石的成本只是未经处理彩色钻石成本的一小部分。因此，更多的人可以享有彩色钻石。

颜色优化钻石的尺寸、净度、形状和切割质量对价格的影响与本色钻石相同，但颜色影响价格的方式不同。Lotus Colors Inc.是一家专门从事颜色优化的公司，据该公司表示，淡粉色是最昂贵的优化钻石颜色，其次是中粉色、紫粉色和淡蓝色。黑色的价格最便宜。

有时，经高压高温处理的钻石会在腰部留下铭刻，表明钻石经过优化处理，但检测经高压高温处理的钻石通常需要专业的技能和设备。确定钻石是否为天然色的最保险的做法是，从鉴定辐照和高压高温处理钻石方面经验丰富的宝石实验室获得一份报告。

创造（天然或实验室培育）

天然形成的钻石称为天然钻石或开采钻石。营销人员将实验室或工厂制造的钻石确定为实验室培育钻石、实验室制造钻石、人造钻石或简单称为实验室钻石。宝石学家和天然宝石交易商通常将这些钻石称为合成钻石、高压高温钻石、化学气相沉积钻石、高压高温法培育钻石或化学气相沉积法培育钻石（化学气相沉积的缩写是CVD，指一种培育钻石的技术）。宝石学文献中使用合成钻石一词时，指的是实验室培育钻石，而不是仿钻。实验室培育钻石并非假钻；这些钻石是人造钻石，而不是天然钻石。立方氧化锆是一种仿钻，与其不同的是，实验室培育钻石与开采钻石具有相同的化学成分和晶体结构。

随着实验室培育钻石越来越容易获得，其价格大幅下降，折扣率达到35%或以上。粉色和蓝色实验室培育钻石的成本只占天然钻石成本的一小部分。第7章说明了实验室培育钻石的制造和用途。

钻石分级报告

美国宝石学院宝石交易实验室于1955年发布了第一份钻石分级报告。美国宝石学院分级报告的颜色和净度等级基于1953年开发的体系。在那之前，业内对钻石颜色的描述不一致，使用的术语包括River和Top Wesselton，或者使用多个等级，如A, AA和AAA。

由于美国宝石学院率先开发了在业内流传并用于独立实验室文件的钻石分级体系，因此美国宝石学院钻石报告在业内最为知名，在全球享有盛誉。美国宝石学院分级的钻石数量太多，以至于需要很长时间才能获得美国宝石学院的钻石分级。于是，其他宝石实验室应运而生。有些实验室比其他实验室更具权威，也更严格，而有些实验室同时与业内成员和非业内成员打交道。要想知道你所在国家最具权威的实验室有哪些，一个方法是询问珠宝商，如果他们想从你手中购买二手钻石，他们更愿意附上哪些实验室报告。另一个了解特定实验室声誉的方法是在线搜索并阅读论坛上的评论，与其他实验室进行比较。在所有其他因素相同的情况下，实验室的声誉体现在钻石随附报告中的钻石要价上。举例来说，如果一颗1克拉圆形明亮式G色VS₁钻石的切割等级由信誉良好的实验室评定为极优，其售价比因指定评级高于应得等级而知名的实验室进行评级的相同规格钻石高出10%至15%。

有些人想知道，既然评估也提供了鉴定、处理和质量信息，为什么还需要实验室报告。答案是，与普通珠宝商、交易商或鉴定人员相比，知名的大型实验室拥有更丰富的专业知识、更精密的设备和更多检查重要宝石的机会。许多实验室还开展了研究，有助于发现新的处理方法和合成宝石。一些鉴定人员只鉴定附有实验室报告的钻石，钻石是彩色钻石时更是如此，彩色钻石的自然颜色与经处理形成的颜色会对价值产生显著的影响。拥有大型实验室出具的分级文件还另有优势，即如果你想转售钻石，大型实验室的文件通常比鉴定更有分量。

除实验室报告外，建议在高价值钻石镶嵌到珠宝上后获取一份单独的鉴定报告。除用于保险目的外，鉴定还有助于验证钻石是否与钻石报告中描述的钻石相符，并提供有关侧重石和金属底托的信息。你可以在网站ReneeNewman.com找到一份鉴定机构和独立鉴定师名单，这些鉴定师是宝石学家，并完成了鉴定程序、道德和法律方面的正式教育。可以点击"鉴定师"。

真正的钻石分级报告不是鉴定报告，因为报告中没有指明钻石的价值或价格。分级报告只是一份独立的报告，确定和描述了未镶嵌的钻石，并指明钻石是否未经处理，是否是天然形成。报告中列入价格时，就成了鉴定报告。

影响价格的非质量因素

钻石分级报告通常指明钻石的荧光程度。这被视为钻石的鉴别特征，而不是分级因素。强烈的蓝色长波荧光有助于证明钻石

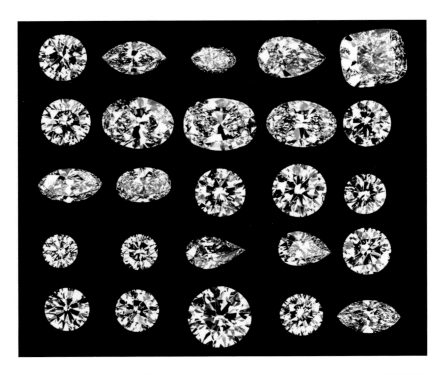

在典型日光平衡荧光照明下拍摄的钻石。照片由*ACA Gem Lab*的迈克·考林提供

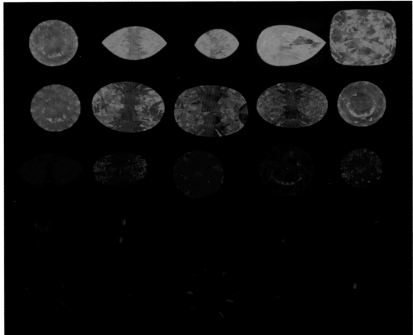

同样的钻石在长波紫外线灯下显示出蓝色荧光，荧光强度从上到下依次按极强、强、中等、微弱和无列为五排。照片由*ACA Gem Lab*的迈克·考林提供

是天然钻石，而不是实验室培育钻石。然而，一些珠宝商错误地认为，如果钻石具有很强的荧光，那么钻石看起来便会显得浑浊，因此具有强荧光到极强荧光的钻石通常会被打折出售。具有强荧光的钻石可以具有极优的透明度。如前所述，最好通过实际

观察钻石并与其他钻石对比来确定钻石的透明度，而不是通过检查钻石荧光的方式。

俄罗斯钻石开采公司集团Alrosa将钻石荧光作为一种正面销售特征。2020年11月，该公司推出了一个名为Luminous Diamonds的新品牌，旨在通过独具罕见荧光钻石的迷人设计吸引珠宝买家。该品牌的营销将荧光概念（钻石的"内在光芒"）与女性的"内在光芒"联系起来。

许多其他因素也影响着钻石定价。这些因素包括需求、汇率波动、付款方式、买家的信用评级、购买的钻石数量、销售时间、竞争对手的价格、卖家的资金需求和客户的购买热情。钻石越贵重，就越难预测价格。没有人能够预测到本章开头讨论的汉考克红钻石会卖到880,000美元。尽管这枚钻石的红色非常罕见，但它的重量不到1克拉，净度等级也不完美。它的预售估价在100,000到150,000美元之间，但售价是预期价格的八倍。最终，它的价值由买家愿意支付的价格决定。

7 实验室培育钻石

化学家亨利·莫桑（Henri Moissan）的肖像。*Science History Images / Alamy Stock Photo*

1772年，安托万-洛朗·德·拉瓦锡（Antoine Lavoisier，1743—1794年）和其他化学家对钻石作出了令人惊讶的发现。拉瓦锡和他的同事将一颗钻石密封在一个玻璃罐中，然后用一个巨大的放大镜将太阳光线聚焦在钻石上，使钻石燃烧后消失。钻石已然消失不见，尽管事实如此，但拉瓦锡注意到罐子的总重量没有变化。他还注意到，钻石燃烧时产生的气体与木炭相同——二氧化碳。他从这一点意识到，钻石和木炭是同一种元素的不同形式，他将这种元素命名为碳。这一发现鼓励了其他科学家试图找到一种用碳制造钻石的方法。

1892年，法国化学家亨利·莫桑（1852—1907年）提出理论，他可以在自己研制的电弧炉中，通过在铁水形成的压力下使碳结晶制造钻石。熔炉温度高达6,332°F（3,500℃），但生成的物质却不是钻石。莫桑因发现莫桑石而名声更甚，莫桑石也称为碳化硅。1893年，他在一块降落在亚利桑那州迪亚波罗陨坑的陨石中发现了碳化硅的这种罕见的自然形态。如今，大多数莫桑石都是实验室培育而成，作为钻石替代品镶嵌在珠宝首饰中。

如大家所见，直到20世纪50年代初，科学家才最终实现了创造钻石的梦想。

实验室培育钻石术语

实验室制造的钻石最初被称为合成钻石，现在许多科学家和天然钻石交易商仍然使用这个词。但对许多消费者来说，合成钻石一词意味着假货，因此出售合成钻石的人更喜欢用其他名称加以鉴别，如实验室培育钻石、实验室制造钻石、人造钻石或LGD。实验室培育钻石具有与天然钻石相同的晶体结构和化学式——碳。立方氧化锆和莫桑石等宝石具有不同的化学成分，被称为仿制品、模拟品或赝品。

实验室培育钻石也可以通过培育方法鉴别。在高压高温条件下培育的钻石称为高压高温法培育钻石，或者简称为高压高温钻石。使用化学气相沉积技术培育的钻石被称为化学气相沉积法培育钻石或化学气相沉积钻石。

高压高温法（HPHT）和化学气相沉积法（CVD）培育钻石

高压高温钻石的培育方法是将微小的合成钻石籽晶和碳源（通常是低质量的合成钻石粉末）放置在具有熔融金属助焊剂（如铁、镍或钴）（助焊剂是熔化时溶解其他材料的材料）的特殊压力室。在受控条件下施加极高压力和高温后，碳溶解在液态熔剂中。碳原子迁移到钻石籽晶并与之结合，从而培育出钻石。在几天或几周之内，适用于切面的新高压高温法培育钻石晶体即可形成。

化学气相沉积法培育钻石是在高温低压条件下，在真空室中用含碳气体与合成钻石种子板生成的。气体分子在微波场分解过程中被分解，碳原子沉积在"种子"上，培育种子形成合成钻石晶体，然后切割并抛光成多切面钻石。如今，化学气相沉积工艺用于生产重量高达几克拉的高彩（或花色）和高净度II型钻石。

根据法律，卖家必须向买家披露钻石是否是实验室培育而成。

化学气相沉积法实验室培育钻石的培育过程

首先从一片薄薄的
钻石种子开始

碳熔化并在种子周围
形成钻石

从钻石中去除碳

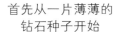
图片来源：© Smiling Rocks Inc.

有关高压高温和化学气相沉积钻石特性和鉴定的更多信息，可参见布兰科·德里亚宁（Branko Deljanin）和杜桑·西米克（Dusan Simic）所著的《实验室培育钻石》（Laboratory-Grown Diamonds）第三版（2020年），詹姆斯·希格利所著的《宝石和宝石学评论：合成钻石》（Gems & Gemology in Review: Synthetic Diamonds）（2008年），芮妮·纽曼所著的《钻石手册》（Diamond Handbook）第三版（2018年），以及《宝石和宝石学》精选期刊（2016年秋季刊、2017年秋季刊和2018年夏季刊）。

但很遗憾，有些无耻的卖家试图以合成钻石冒充天然钻石，因此找到鉴别钻石的方法很重要。现已开发了各种合成钻石检测器来检测人造钻石，价格从300美元到数千美元不等。确定钻石是天然钻石还是合成钻石最安全的方法是，将钻石送到具备必要高科技设备的宝石实验室检测。如果钻石没有随附由权威实验室出具的实验室报告，一些鉴定人员会拒绝鉴定钻石。然而，并非所有实验室培育钻石都可以通过以下基本方法进行检测：

◆ 放大内含物、颜色分带和培育图案：天然钻石可能内含石榴石、透辉石和金刚石等矿物，而人造钻石中则不含这些矿物。高压高温法培育钻石中可能存在灰色或黑色金属熔剂内含物，而化学气相沉积钻石中偶有的深色内含物是石墨，而非金属。颜色分带（颜色分布不均匀）可能在高压高温法培育钻石中比在天然钻石中表现得更明显。另一方面，化学气相沉积法培育钻石通常颜色均匀。由于合成钻石的培育方式不同于天然钻石，因此两种钻石的培育图案也不同。这些图案在紫外光照射下最为显眼。

◆ 使用稀土磁体的磁性：高压高温钻石有时含有金属内含物，因而钻石能够被稀土磁体吸引。

◆ 长波和短波紫外光下的荧光颜色和强度：天然钻石在长波紫外光下的荧光强度通常高于短波紫外光下的荧光强度，而大多数合成钻石在短波紫外光下的荧光强度更强。如果一颗黄色、无色或近无色的钻石具有强或极强的蓝色长波紫外线荧光，则它是一颗天然钻石。

尽管上述方法有助于确定钻石是天然钻石还是合成钻石，但确认钻石是天然钻石通常需要先进的光谱仪器。

化学气相沉积合成钻石

化学气相沉积钻石培育设备由US Diamond Technologies制造，该公司是新泽西州微波等离子体化学气相沉积反应堆的生产商。图片来源：《实验室培育钻石》（2020年），由作者布兰科·德里亚宁和杜桑·西米克提供

实验室培育钻石发展历程

1954年12月16日，通用电气（GE）的物理化学家特蕾西·霍尔（Tracy Hall）博士成为第一个通过可复制、可验证和见证过程制造合成钻石的人。他使用了自己设计的压力机。不过，他并不是第一个创造钻石的人，他制造的钻石是一种用于工业用途的小颗高压高温钻石。

早在20多年前，即1929年，堪萨斯州麦克弗森学院（McPherson College）的J. 威拉德·赫尔希（J. Willard Hershey）博士重复了莫桑的钻石合成实验，创造了两颗合成钻石。20世纪30年代，他继续进行实验，他在《钻石之书：钻石的奇异传说、特性、测试与合成制造》（*The Book of Diamonds: Their Curious Lore, Properties, Tests and Synthetic Manufacture*）（1940年）一书中描写了自己的实验。赫尔希声称已经制造了50多颗钻石，大小从1毫米到2毫米不等。

1952年，联合碳化物公司（Union Carbide Corporation）的威廉·G. 艾弗索（William G. Eversole）首次成功尝试生产了化学气相沉积钻石，1953年，瑞典科学家在Allmänna Svenska Elektriska Aktiebolaget（ASEA）培育了高压高温钻石，但直到很久以后才将这一发现公之于众。

以下是合成钻石培育史上重要发展的时间线：

1952年：威廉·G. 艾弗索在联合碳化物公司制造了一颗极小的化学气相沉积钻石。

1953年：据报道，瑞典电气公司ASEA生产了第一批高压高温钻石，但直到20世纪80年代才将这一发现公开。

1954年：通用电气公司的特蕾西·霍尔用自己设计的压力机生产了一种用于工业用途的小颗高压高温钻石。多年来，通用

1950年代

电气一直在工业钻石开发领域占据主导地位，这在一定程度上要归功于霍尔的工作。霍尔因其发明获得了通用电气10美元的储蓄券，并荣获美国化学学会创造性发明奖。

1956年：俄罗斯科学家鲍里斯·斯皮特斯恩（Boris Spitsyn）发现了如何在非钻石物质上培育化学气相沉积多晶钻石薄膜。

1960年代

20世纪60年代：通用电气和戴比尔斯Industrial Distributors生产出高压高温工业钻石。

1970年代

1970年：通用电气创造了第一颗实验性宝石级高压高温钻石。

1970年：日本住友电气工业株式会社（Sumitomo Electric Industries）在注意到钻石可以代替当时使用的硬质合金作为模具材料后，便开始研发高压高温钻石。

1971年：通用电气制造了几颗宝石级合成钻石，并将这些钻石送往美国宝石学院实验室由罗伯特·克劳宁谢尔德（Robert Crowningshield）检查。钻石的重量在0.26到0.30克拉之间，颜色等级从F级到J级不等。通用电气还创造了黄色和蓝色等几种彩色，美国宝石学院也对此进行了分析。

1976年：俄罗斯科学家在试图培育钻石的同时完善了生产这种矿物的技术，从此开始了钻石仿制品立方氧化锆的商业生产。

1980年代

1982年：住友电气合成了一颗1.20克拉的单晶。这颗钻石在1984年《吉尼斯世界纪录》（*Guinness Book of World Records*）中登记为世界上最大的合成钻石。此后，住友电气成为第一家大规模生产约1克拉合成单晶钻石的公司。钻石内含杂质，因此呈黄色，尺寸为5毫米或更小。

20世纪80年代中期：戴比尔斯、住友电气和俄罗斯公司都培育出1克拉以上的无色高压高温钻石。

20世纪80年代末期：戴比尔斯Industrial Distributors Limited开始生产化学气相沉积多晶工业钻石，并研究单晶化学气相沉积钻石。

1990年代

20世纪90年代：俄罗斯公司生产了第一批用于珠宝的高压高温钻石。

1995年：通用电气对透明多晶钻石薄膜的生产申请专利。

1995年：Ultimate Created Diamonds开始向珠宝行业提供浓黄色高压高温钻石。

2000年代

2000年：住友电气成功合成了一颗透明无色的高纯度8克拉钻石晶体，直径为0.4英寸（1厘米）。

2002年：Gemesis公司开始大批量生产用于珠宝行业的商业性高压高温钻石。

2002年：戴比尔斯将Industrial Distributors Limited的名称改为元素六（Element 6，指元素周期表中的第六种元素碳）。如今，元素六是全球最大的合成钻石公司之一，也是戴比尔斯Lightbox珠宝品牌的钻石提供商。

2005年：卡内基科学研究所（Carnegie Institution for Science）地球物理实验室的研究人员以快速培育速度（每小时100微米）生产了10克拉半英寸（1.27厘米）未经处理的单晶化学气相沉积钻石。

2006年：加拿大Advanced Optical Technologies Corporation开始生产高压高温法培育经辐照和退火的蓝色、黄色、无色和粉色钻石，重量高达1.50克拉。

2015年，研究科学家兼宝石学家布兰科·德里亚宁在地中海宝石学及珠宝大会上检查了一颗由New Diamond Technology制造的10.02克拉钻石。*照片由约翰·查普曼（John Chapman）提供*

2008年：WD Lab Grown Diamonds成立，成为卡内基科学研究所开发的单晶化学气相沉积钻石培育技术的独家被许可人。

2010年代

2014年：New Diamond Technology开始生产高达5.11克拉的无色高压高温钻石。

2015年：New Diamond Technology制造了第一颗超过10克拉的无色多面实验室培育宝石——高压高温法培育的10.02克拉E色VS$_1$钻石。

2016年：New Diamond Technology制造了一颗10.07克拉的祖母绿形切割的深彩蓝色钻石。迄今为止，这颗钻石仍是世界上最大的深彩蓝色实验室培育钻石。

2017年：中国郑州的公司每天生产1,000克拉以上近无色的高压高温钻石。经过切面处理后，大多数小颗合成钻石的重量在0.005克拉至0.03克拉之间，颜色等级从D级到N级不等，净度差异很大。

迄今为止最大的黄色高压高温多切面钻石（20.22克拉）。由New Diamond Technology培育，由Meylor Global LLC分销。*照片由Meylor Global LLC提供*

2018年：戴比尔斯开始以Lightbox为品牌名称销售实验室培育钻石首饰。

2018年：New Diamond Technology培育出一颗103.50克拉的高压高温钻石，这是到2020年为止已知的最大未切割实验室培育钻石。

2018年：Unique Lab Grown Diamond公司向美国宝石学院提交了一颗5.01克拉的SI_1浓彩粉橙色化学气相沉积钻石。鉴于其尺寸、颜色和净度，这颗钻石成为迄今为止美国宝石学院测试的最引人注目的化学气相沉积钻石。

2018年：WD Lab Grown Diamonds培育出迄今为止最大的化学气相沉积圆形明亮式切割钻石——一颗9.04克拉的化学气相沉积法培育钻石，未经高压高温培育后处理。

2018年：New Diamond Technology培育出一颗重55.94克拉的黄色高压高温单晶钻石。这颗钻石被切割成重20.22克拉的枕形VS_2级净度钻石。这颗切割钻石目前保持着最大多切面黄色高压高温钻石的世界纪录。

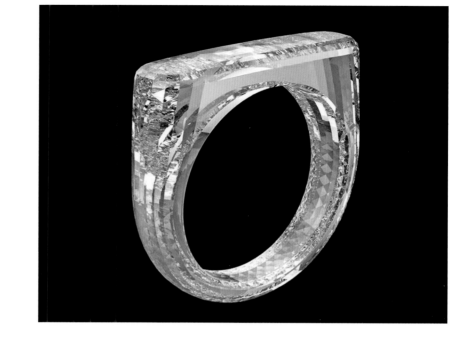

第一枚实验室培育的全钻戒指。乔尼·伊夫（Jonny Ive）和马克·纽森（Marc Newson）联手宝石制造商Diamond Foundry于2018年通过苏富比（Sotheby's）为（RED）慈善拍卖会制作了这枚戒指。这枚戒指共筹款461,250美元。*戒指和照片由Diamond Foundry提供*

2018年：Diamond Foundry生产出第一枚实验室培育的全钻戒指。这枚戒指由苹果前首席设计官乔尼·伊夫和工业设计师马克·纽森设计。

2019年：瑞典工程公司Sandvik使用称为立体光刻的方法，利用金刚石粉末和聚合物浆料创造了首款3D打印钻石复合材料。钻石复合材料是不透明的，但可以用于以前认为不可能的应用和形状。

2020年代

2020年：Meylor Global LLC和安祖依·卡楚莎（Andrey Katrusha）博士在乌克兰基辅创造了重109.81克拉的最大实验室培育未切割钻石。2020年8月19日，《吉尼斯世界纪录》对这颗钻石进行了验证。

2020年：戴比尔斯旗下生产实验室培育钻石首饰的公司Lightbox于10月在俄勒冈州格雷沙姆正式启用了其价值9400万美元的制造厂。该公司计划每年生产约200,000克拉实验室培育钻石。

俄勒冈州格雷沙姆用于培育化学气相沉积钻石的Lightbox设施内部。*图片来源：© Lightbox Jewelry*

实验室培育钻石首饰

20世纪90年代，实验室培育钻石首次出售用于珠宝首饰时作为松散钻石出售，供珠宝商镶嵌在首饰上，由于钻石稀有，因此其价格并不比天然钻石低很多。但实验室培育钻石越来越广泛，价格也随之下降。到2015年，它们的售价比同等重量、形状、颜色和净度的天然钻石低25%到30%。

2018年，戴比尔斯开始以品牌名称Lightbox销售实验室培育钻石首饰，价格大幅下跌。不同于根据品质因素和重量为实验室培育钻石定价的公司，首饰中镶嵌的Lightbox钻石的价格完全取决于其重量。例如，无论颜色或形状如何，所有1克拉的Lightbox钻石价格相同。为了与Lightbox和其他进入市场的新公司竞争，钻石培育机构不得不进一步降低价格。

购买实验室培育钻石的主要优势是，它们的成本低于天然钻石，但具有相同的耐刮擦性、耐磨损性和耐化学性。彩色实验室培育钻石与天然彩色钻石之间的价格差异最大，彩色实验室培育钻石的成本可能只是天然彩色钻石成本的一小部分。

人造钻石的另一个优点是，人造钻石比天然钻石更容易搭配珠宝首饰，因为人造钻石可以在受控条件下无限量生产。因此，它们不像天然钻石那样具有转售现金价值。开采钻石的供应量有限，每颗钻石都是独一无二的，它们是在地球内部经过数百万年形成的钻石。

Lightbox和其他公司提供的第一款实验室培育钻石首饰包括基础款独粒宝石戒指、吊坠和耳钉。这些首饰已经演变成具有创新设计的多宝石首饰。此外，实验室培育钻石形状、尺寸和颜色的选择大幅增加。例如，实验室培育永恒戒指不再局限于圆形明亮式钻石，也可以镶嵌其他形状的实验室培育钻石。

镶嵌枕形、椭圆形和祖母绿形切割实验室培育钻石的永恒戒指。
戒指和图片来源：*Smiling Rocks Inc.*

一枚实验室培育钻石弧形一字耳环（或弧形耳环）。耳环和照片由*Vrai*提供

一枚2.75克拉（总重）的实验室培育蓝色和白色钻石戒指。戒指和照片由*New World Diamonds*提供

一对实验室培育钻石戒指，由Smiling Rocks提供。
戒指和图片来源：*Smiling Rocks Inc.*

一系列实验室培育钻石首饰，由戴比尔斯公司
Lightbox提供。图片来源：*© Lightbox Jewelry*

一枚可翻转的实验室培育钻石戒指，可以呈现红色或蓝色的实验室培育钻石中心石。戒指和照片由New World Diamonds提供

8 钻石的显著优点

可以说，没有其他材料能有钻石那样多的优点。究其原因，钻石独特的属性使其优于其他竞争材料。在20世纪50年代之前，由于钻石极其坚硬，低级钻石原石、磨粒和粉末用作机械和切割、钻孔和磨削工具。20世纪50年代，科学家发现了如何合成钻石，从此以后，天然原钻不再是工业钻石材料的唯一来源，其用途开始进一步扩大。化学气相沉积钻石和透明多晶钻石薄膜的发展在扩大钻石应用方面发挥了重要作用。

2019年，Sandvik创造了首款3D打印钻石复合材料，并开发了一种专有的后期生产工艺，使其具有极高的硬度和极优的导热

合成钻石磨粒。图片经*Element Six Group*许可使用，版权所有©*Element Six Group*，*2020*

Sandvik 3D打印钻石复合材料。*照片由 Sandvik Additive Manufacturing提供*

性，从而取得了进一步的发展。新工艺意味着这种超硬材料现在可以以高度复杂的形状进行3D打印，彻底改变了钻石材料的使用方式。尽管钻石复合材料不透明，也不闪烁，但用于广泛的工业用途是非常理想的。

钻石的优点远不止于制造功能更强大、使用寿命更长的机械和工具。本章描述了钻石令人惊叹的特性，并说明了钻石如何造福于人类。

极高的硬度

钻石的碳原子具有紧密连接的强大原子结构，碳原子非常紧密地结合在一起。因此，钻石是最坚硬的天然物质，比任何其他材料都更耐刮擦、耐磨损、耐磨耗、耐压力变形。钻石涂层现在用于保护镜片和手机屏幕免受刮擦。2017年，劳斯莱斯（Rolls-Royce）为其定制版幽灵（Ghost）豪华轿车创制了一款由1,000颗碎钻制成的涂料。这款名为钻石星尘（Diamond Stardust）的涂料光滑无比，触摸不到钻石。也许不久之后，其他汽车制造商也会使用钻石涂料和珐琅来减少刮擦。

这种多晶金刚石紧凑型钻头在采矿和油气钻探中有着广泛的应用。
ribeiroantonio / Shutterstock

钻石材料在农业、建筑、汽车和制造业具有宝贵的价值，这些行业全都需要能够切割、研磨和钻探的机械。钻石的优势是，与其他材料相比，使用钻石的速度更快、时间更长、工具磨损率预测性更高。钻石显著延长了仪器和设备的使用寿命，从长远来看更具有成本效益。

工业钻石的一个相对较新但发展迅速的应用是锯丝切割。钢丝涂上一层树脂，然后遍布大小从粉末（如极细的钢丝）到直径超过1毫米（如较粗的工业电缆）不等的钻石。传统的锯通常只朝着一个方向切割，与此不同的是，金刚石线可以切割圆形边缘和其他复杂形状。金刚石线也可以用于非常精细的切割，如制造手术设备和计算机零件。目前，金刚石线的应用增长速度似乎快于生产所能提供的速度。

金刚石切割丝切割花岗岩。*HSBortecin/Shutterstock*

　　事实已经证明，钻石扬声器圆顶能产生出色的音质。钻石是最坚硬的天然物质，此外也是最不易弯曲的。扬声器内部的振动是扬声器到耳朵之间声音质量下降的主要原因。钻石可以在形状上不发生任何物理变形的情况下以极快的速度加速，这正是其产生如此高保真声音的原因。研究人员正在使用化学气相沉积钻石打造扬声器圆顶，钻石圆顶比铝材质的圆顶轻，但硬度与任何天然钻石一样。

　　我们日常使用的许多设备中都用到了滚珠轴承，如汽车和硬盘驱动器。滚珠轴承对车辆的功能至关重要，以至于在第二次世界大战中，联军对一家德国滚珠轴承制造商展开了战略性攻击，以此削弱德国军队的力量。滚珠轴承在使用时会受到很多粗暴的对待，如经受高温和摩擦。钻石的硬度、耐磨损性和导热性使其成为滚珠轴承的完美选择。测试表明，钻石轴承的使用寿命是碳化钨轴承的八倍。目前，将钻石塑造成完美球体的要求阻碍了钻石滚珠轴承的广泛商业应用，但由于钻石复合材料可以3D打印成任何形状，这种情况可能会改变。

电子设备过热时，系统性能和使用寿命会迅速降低。化学气相沉积钻石导热片可以使整个系统的生产率提高一倍以上。通过使用化学气相沉积钻石组件，公司可以在不增加工作结温的情况下以更高的功率水平运行。

无毒性和生物相容性

钻石无毒，因此可以在人体上安全使用。这使得医生和牙医可以在手术钻孔和切割工具、植入物、人造身体部位和化疗贴片中使用合成钻石以及钻石涂层和颗粒。幸亏有了钻石涂层，髋关节和膝关节置换术可以比原本期限持续更长的时间。

抗化学物和辐射

钻石不会被化学物质破坏。钻石具有耐化学性和极高的硬度，这不仅使其成为日常佩戴的完美宝石，还使其成为耐腐蚀涂层的理想材料，并用于机械、太空探索和科学仪器。

钻石的抗辐射性也使其成为太空探索、国防计划和医疗技术的理想材料。单晶高压高温和化学气相沉积钻石用于辐射探测器和监测器，也用于放射治疗。

极佳热导体

钻石的导热性高于任何其他固体材料，是铜的五倍，这正是钻石摸起来清凉的原因。这一特性使得钻石在激光、电子和其他工业用途中作为散热片（即冷却剂）具有重要作用，因为它可以防止硅和其他半导体材料过热。正因如此，测量导热性的仪器能够轻松区分钻石与玻璃和立方氧化锆。

极佳电绝缘体和半导体

非蓝色钻石具有很强的抗电性，因此在阻断电流方面非常有效。但蓝色钻石的颜色来源于硼杂质，硼杂质使其成为半导体。因为钻石既可以是电绝缘体，也可以是优良的热导体，所以它对制造电器、手机和电脑具有宝贵的价值。

单晶电子级化学气相沉积钻石材料。图片经*Element Six Group*许可使用，版权所有 © *Element Six Group*，2020

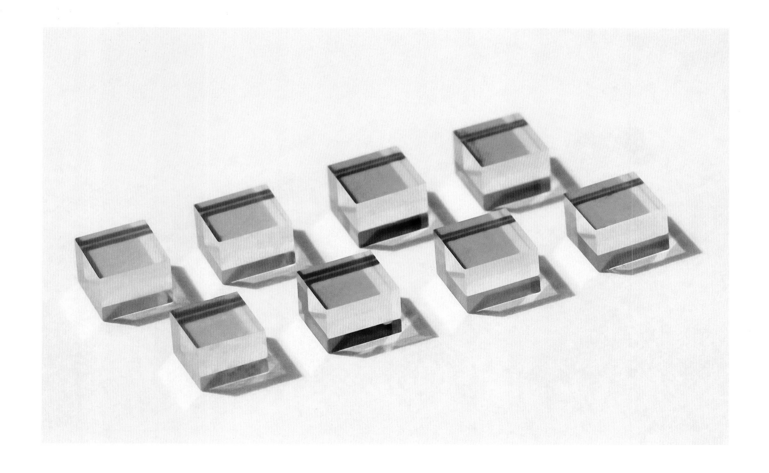

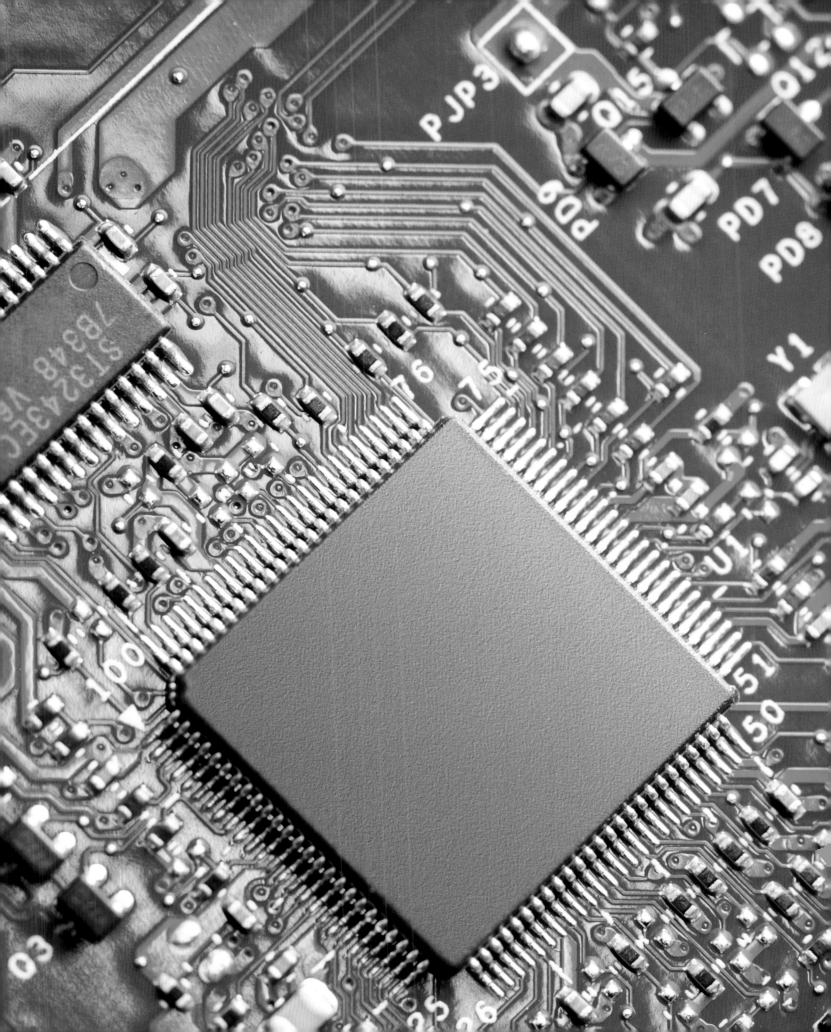

透明度极高

纯净而没有瑕疵的钻石可以透射从紫外线到红外线的宽光谱光线，这不同于许多只对可见光透明的玻璃。钻石具有出色的透明度以及极高的硬度和耐热性、耐辐射性和耐化学性，因此晶莹剔透的化学气相沉积钻石板的需求量很大，最大尺寸可达半英寸（1.27厘米），应用于医疗、军事、航空航天和研究行业。合成钻石光学元件经常用于粒子加速过程、激光系统、X射线聚焦设备、航天器窗口、望远镜、光谱仪和其他分析仪器和高功率设备。

长期以来，人造钻石镜片可用于制造眼镜，但其开发成本高昂，因而无法成为主流产品。钻石的折射率高，非常适合制作眼镜和隐形眼镜片。此外，化学气相沉积钻石眼镜可以比传统镜片更薄、更轻，这对近视度数高的人特别有用。

绝美

一提到钻石这个词，大多数人不会想到滚珠轴承、机械、工具、半导体或镜片。他们想到的是闪闪发光的宝石和钻石首饰，与具有实际应用的钻石相比，这些宝石级别钻石带来了不同的好处。

宝石级无色钻石比任何其他天然宝石都更亮，因为它们硬度极高，具有金刚光泽，无色且折射率高。其火彩（光线色散成彩虹色）是所有天然透明宝石中最高的。这意味着，即使钻石是无色的，也可以呈现出色彩。

此外，钻石也有多种用途。任何人穿着任何类型或颜色的衣服都可以佩戴钻石首饰，钻石还可以为同时镶嵌的任何宝石增光添彩。彩色宝石首饰上镶嵌钻石时，钻石会立即提高其他宝石和整件首饰的感知价值。

（接上页）半导体应用于从智能手机到洗衣机再到LED灯泡的一切事物。许多人认为钻石半导体是电子行业的未来。*Ksolstudios /Shutterstock*

在某些情况下，合成钻石有意掺杂硼，以便能够导电，以及用于制造基于电极的净水系统。得益于掺硼的实验室钻石电极，受污染的工业废水现在可以在不使用化学品的情况下净化和消毒。

耐高温

钻石耐高温，因而珠宝商能够使用火炬对钻石首饰进行蒸汽清洁和修复，这一点不同于许多在修复过程中必须移除的宝石。更重要的优点是，钻石具有耐热性，再加上其半导体特性，使钻石成为最佳的电子材料。

与硅相比，钻石在击穿之前可以承受更高的电压；在不降低性能的情况下，可以在升高五倍的温度下运行，并且更容易冷却，因为它的传热效率是硅的22倍。采用钻石材料的半导体器件已经可用，其导电量是硅的100万倍。

AKHAN Semiconductor创始人兼首席执行官亚当·汗（Adam Khan）在WIRED.com上称，基于钻石的半导体不仅可以提高功率密度，还可以制造出更快、更轻、更简单的设备。它们比硅更环保，并提高设备内部的热性能。钻石半导体还有助于更好地管理手机、相机和车辆等设备的电池寿命和电池系统。因为钻石技术缩小了半导体所需的大小和能量，因此为小型个人电子产品铺平了道路。国防技术方面，钻石在正常和极端/危险的操作环境下能够实现更大范围的防御，可靠性和性能也更高。因此，半导体用钻石材料市场轻而易举就使碳化硅市场相形见绌。

即使是未经加工形态的钻石，其美丽也是无与伦比的。有时，观看原钻时，单是大自然巧夺天工的手艺就足以让人心生敬畏，尤其是钻石颜色罕见且尺寸较大时。

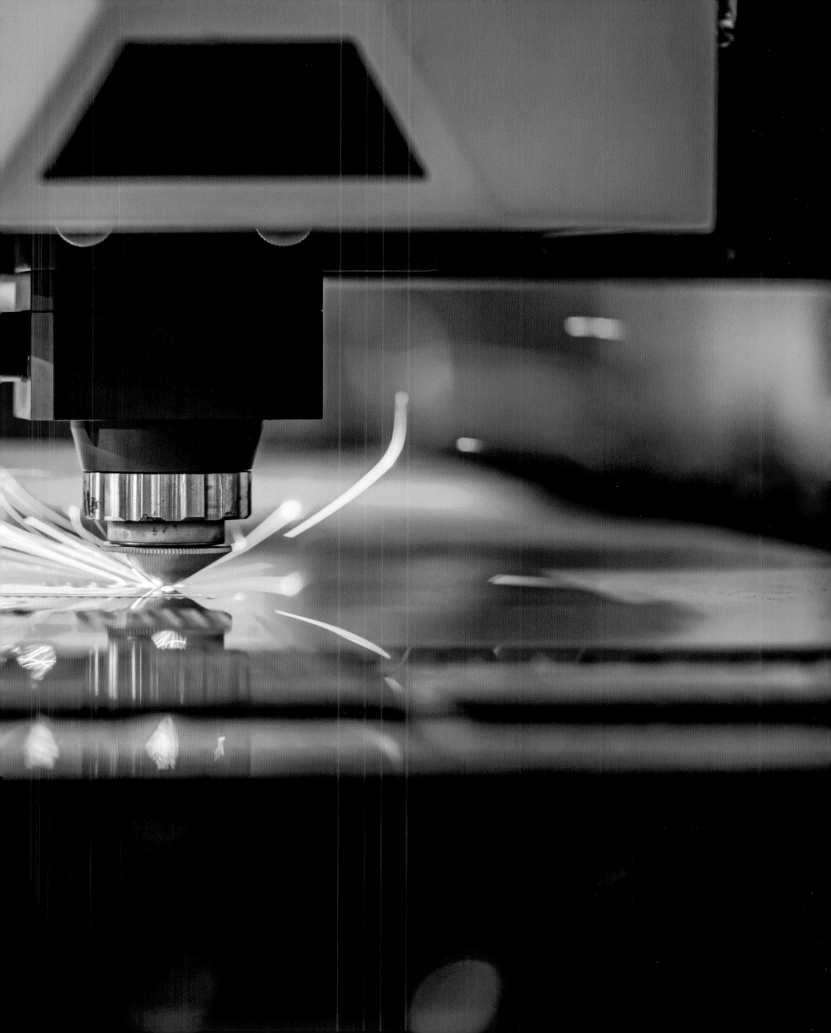

梨形、榄尖形和圆形明亮式钻石的美丽图案使这颗8.58克拉的粉色马来亚石
榴石熠熠生辉。戒指和照片由*Gems of Note*的布莱恩·丹尼提供

这颗7.33克拉的碧玺周围环绕的圆形明亮式钻石不仅使戒指更加闪烁明亮，
还使这枚基础款戒指摇身一变成了豪华戒指。戒指和照片由*Gems of Note*的
布莱恩·丹尼提供

Letlapa Tala系列的五颗IIb型蓝色钻石之一。2020年9月的某一周在"库里南"钻石矿发现了这五颗钻石。图片来源：© 佩特拉钻石

　　钻石经过数百万年才得以形成，而切割师历经几个世纪才学会如何充分挖掘钻石潜在的美丽。如今，钻石有多种创造性的切割方式，如下图所示的天狼星八角形切割。这一创新切割方式由设计师迈克·博塔（Mike Botha）构思而成，由Dharmanandan Diamonds根据全球独家协议制造。

　　钻石也激发了珠宝商打造华丽珠宝首饰的灵感，有些首饰需要数年时间才能制成。

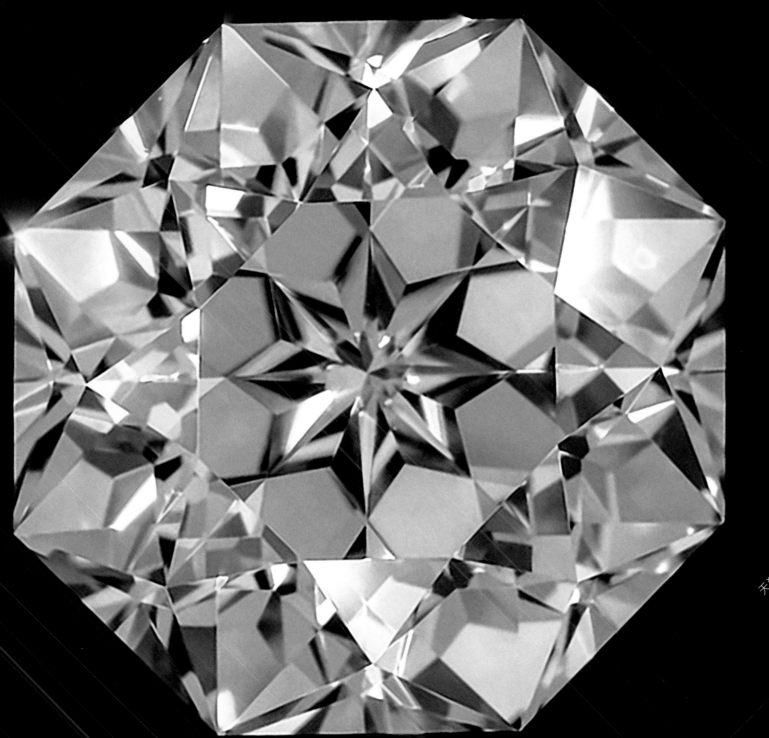

天狼星八角形切割。图片来源：© Dha
rmanandan Diamonds Pvt.Ltd.

一颗1.44克拉的心形淡彩粉色钻石镶嵌在耀眼的钻石群镶设计的中心位置。这16颗梨形粉色钻石均出产自西澳大利亚州著名的阿盖尔矿，经过激光雕刻。粉色钻石是所有天然色钻石中最受人喜爱的，十分罕见。找到如此之多相配的粉色钻石对珠宝商来说是一个真正的挑战。*戒指和照片由Gems of Note的布莱恩·丹尼提供*

（下页图注）项链Majestic Necklace是用110多克拉钻石打造而成的杰作，中心是一颗8.47克拉的梨形D色VVS$_1$钻石。这款项链十分复杂，重点在于完美的搭配和对细节的关注，需要将项链上的207颗钻石镶嵌在手工制作的铂金底座上。项链上悬垂的每条带子均经过精心测量，形成了完美对称的形状。钻石的颜色等级从D级到F级，净度级别从VVS$_1$级到VS$_2$级。这款项链附有29份美国宝石学院钻石分级报告。*项链和照片由Dehres Ltd.提供*

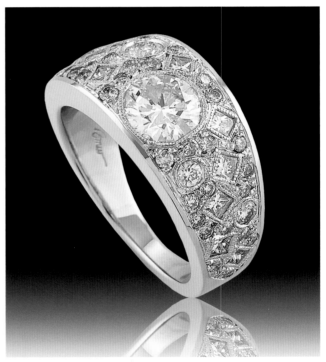

传家宝钻石首饰，镶有至亲至爱之人传下来但很少佩戴的戒指上的钻石。一枚新款世代祖传戒指或吊坠不仅更现代、更时尚，而且可以成为多个家庭成员的情感纪念。这款祖传首饰由芭芭拉·韦斯特伍德（Barbara Westwood）设计，这位艺术家兼设计师用珠宝的三维艺术形式表达自己内心深处的想法和创造力。照片由*Sky Hall*提供

情感意义

一枚钻石订婚戒指，由Mark Schneider Design提供。照片由*Mark Schneider Design*提供

钻石恒久远，一颗永留传。钻石不会褪色、变干或被化学物质损坏，因而是可以世代相传的完美传家宝。钻石可以重新镶嵌在现代首饰中，借此方式纪念自己的至亲至爱，并提醒自己与这些钻石有关的故事。以传家宝钻石打造定制首饰不仅使首饰更具个性化，更富有意义，而且价格也更实惠。

求婚的亮点通常是接受镶有钻石的订婚戒指。然后，人们通常以公开展示戒指的方式宣布订婚喜讯。一些唱反调的人声称这一"传统"是现代营销的发明，但事实并非如此。几个世纪以来，钻石一直是欧洲求婚和订婚的一环，钻石戒指如今在全球各地都象征着承诺和隽永爱情。广告宣传加上钻石越来越普遍，使得钻石订婚戒指更受欢迎。

钻石能够表达情感，这一优点也增加了人们对钻石的需求。赠送钻石首饰可以让人感到被爱，感到幸福。往后余生，只要看到这份礼物，就能勾起美好的回忆，让人一时忘记每天的烦恼和挫折。寡妇低头看着自己的钻石订婚戒指时，她会回想起自己一生中最幸福的时刻，不再继续悲伤。

普通人可能不知道钻石给自己的生活带来了多大的改善。农业、建筑业、制造业、旅游业、电信业和电子行业都依赖钻石，医疗界也是如此。说钻石只是女孩最好的朋友是一种不够充分的说法。钻石是我们每个人的朋友，钻石具有显著的内在属性和优点，给我们的生活带来了美丽和欢乐。

术语表

AGS：美国宝石协会。

冲积矿床：一种次生矿床，母岩的腐蚀和风化导致在河床、河道、溪流和海滩的沙砾中积累了宝石原石。

冲积层：三角洲、干涸河床和活跃河流和溪流的淤泥、沙和砾石。

古董珠宝：任何有100年或以上历史的珠宝首饰。

风筝面：圆形明亮式切割钻石冠部的任何四边风筝形切面。

表面瑕疵：宝石表面的瑕疵，如划痕、凹陷或磨损。

亮度：反射的实际或感知光量。就钻石而言，亮度指钻石表面和内部白光反射的综合效应。

亮光：暗黑区域和明亮区域吸人眼球的分布使亮度显示出良好的对比度。（这是基于美国宝石协会对"亮度+正对比度"的亮光定义。）

明亮式切割：最常见的钻石切割方式。标准的明亮式切割包含腰部上方的32个切面加一个桌面和腰部下方的24个切面加一个底尖。除圆形外，其他形状的切面也可以采用明亮式切割。

刻小面：钻石切割的最后阶段，切割师在此阶段完成钻石的星面、上腰面和下腰面切割。

椭圆形钻石：一种具有泪滴形状、圆形截面和明亮式切面或偶有矩形阶梯式切割方式切面的宝石。

粗磨：通常使用另一颗钻石打造腰部形状的钻石切割过程。

金丝雀色：黄色。

克拉：用于称量宝石的重量单位，等于五分之一克。请勿将克拉（宝石的重量单位）与开（测量黄金纯度的单位）混为一谈。这两个词同宗同源——意大利语carato和希腊语karation，均指"角豆树的果实"。古代人用角豆作为称量宝石和黄金的砝码。在美国以外，karat一词通常拼写为"carat"，尤其是在英国和英联邦国家。

黑金刚：由金刚石、石墨和非晶碳组成的多晶钻石。黑金刚呈黑色，不透明，多孔，比单晶钻石更坚硬。

香槟色：浅棕色。

大约时期测定：一件珠宝首饰的大致出品时期。大约时期测定的结果覆盖测定时期前后10年时间。

圆形明亮式宝石：美国宝石学院用于表示58面圆形明亮式切割宝石的术语，这种宝石的下腰面长度占比小于或等于65%，星面长度占比小于或等于50%，底尖比中等或更大。钻石行业通常称这类钻石为过渡切割钻石。

净度：宝石没有外部特征（称为表面瑕疵）和内部特征（称为内含物）的程度。

解理：矿物沿特定晶面分裂的倾向；沿着钻石纹理的破裂。

劈裂：锤击劈刀将钻石沿着纹理一分为二的行为。

云状物：一簇较小的针尖状内含物。

涂层：一种用于改善或改变宝石颜色的物质，如指甲油、珐琅、硅或金属氧化物薄膜。涂层不是永久性的，在珠宝修复过程中可能会损坏。

干邑色：棕色。

收藏品：收集的任何物品，由特定设计师设计、由特定制造商制作或来源于某个特定时期。

对比度：深浅色调之间的差异程度。美国宝石协会将对比度定义为观察多面钻石时看到的明暗图案。

冠部：多面宝石腰部以上的上半部分。

冠角：腰部平面与风筝面（即圆形明亮式切割钻石冠部的任何四边风筝形切面）之间的角度。

晶体：任何原子按规则的重复图案排列的固体物质。

晶体形状：结构良好的晶体的几何形状。

底尖：亭部尖底一个很小的面，其面平行于桌面。

枕形：具有弧形边和圆角的矩形或方形。

化学气相沉积钻石：通过化学气相沉积法培育的合成钻石。

密度：物质的致密程度；物质每单位体积的质量。

钻石管状脉：爆裂喷发将包裹钻石的金伯利岩和钾镁煌斑岩

从地壳推送至地表导致形成的胡萝卜状深邃结构，在地表形成一个陨石坑，下面连接一个长长的垂直管道。

色散：将白光分解成光谱色。这个词也指穿透宝石材料的红光和紫光的折射率的数值差。钻石的色散值始终为0.044。不过，钻石显示的色散量（即火彩）取决于切割方式和观看钻石时的光线。

双多面形切割：一种切割方式，由八角形组成，腰部上方有17个切面，腰部下放有17个切面，包括底尖。

祖母绿形切割：带有斜角（切出的）的阶梯式切割方式。

遗产珠宝：通常由原主人一代代传承下来的珠宝。珠宝历史可以追溯到几十年到一百年甚至更久以前。遗产珠宝也被称为传家宝或古旧珠宝。

肉眼无瑕：没有肉眼可见的内含物或表面瑕疵。

切面：宝石的任何平滑、抛光的表面或平面。

彩色钻石：任何具有明显体色深度的天然彩色钻石。彩色钻石也称为彩钻。

花式形状：除圆形外的任何形状；梨形即花式形状的一个例子。有时，花式形状简称为花式。

羽裂纹：钻石任何破裂或裂纹的总称。

修饰度：钻石的抛光和对称；例如，钻石报告上的修饰度等级就考虑了钻石表面是否光滑、无瑕疵或显露抛光痕迹，以及切面是否扭曲变形或对称。

火彩：展现白光与多面宝石相互作用形成的光谱色。

鱼眼：一种腰部反射现象，形似白色环形。

平晶：任何形状不规则的晶体，具有水平的平行面。

裂隙填充：一种提高钻石净度和透明度的方法，用一种物质填充裂缝，填充后几乎看不出原来的裂隙。

荧光：材料在紫外线、X射线或其他形式的辐射刺激下发出可见光（发光效果）。

GIA：美国宝石学院。

腰部：多面宝石四周的窄边。腰部平面与桌面平行，是宝石径最大的部位。

晶性：矿物特有的晶体形状。

硬度：宝石耐刮擦和磨损的程度。

高压高温钻石：在高压高温条件下培育的合成钻石。

高压高温处理：高压和高温处理。这道工艺用于改变钻石的颜色。

色度：基本光谱色（如黄色、绿色和橙色），以及过渡光谱色（如绿黄色和橙黄色）。

火成岩：喷出地表的岩浆，最初为融化或半融化状态，冷却后变坚硬。

内含物：宝石内部的任何瑕疵，如晶体、云状物和晶纹。

辐照和加热（退火）：一道工艺，将棕色或微黄色钻石暴露于辐射中，然后在无氧环境下加热至850°F（450°C）及以上温度，形成各种各样的颜色。辐照使钻石呈现蓝绿色或蓝色，退火使颜色稳定并形成新的颜色。实验室报告将整个工艺过程称为"辐照"。

开（克拉）：黄金的纯度单位；1开指1/24纯金，因此24开即纯金。请勿将黄金纯度单位"开"与宝石重量单位"克拉"混淆。这两个词同宗同源——意大利语carato和希腊语karation，均指"角豆树的果实"。古代人用角豆作为称量宝石和黄金的砝码。在美国以外，"karat"一词通常拼写为"carat"，尤其是在英国和英联邦国家。

金伯利岩：一种火成岩，将钻石运送至地球表面。金伯利岩是大多数原生矿床钻石的母岩。

晶节：经抛光处理后暴露在钻石表面的内含钻石晶体。

钾镁煌斑岩：一种火成岩，将部分钻石运送至地表。钾镁煌斑岩是西澳洲和阿肯色州钻石的源岩。

激光孔：用激光束在钻石上钻的小孔，可以使黑点溶解或用化学品漂白。

光性能：宝石的亮度、火彩、闪光和对比度，以及明暗区域形成的图案。美国宝石协会将光性能定义为亮度、火彩和对比度分析。

下腰面：明亮式切割钻石亭部从腰部延伸而来的16个三边形切面中的任何一个切面。下腰面也称为下腰。

下腰比：钻石下腰面从腰部到底尖的平均直线距离。

下腰：下腰面的别称。

放大镜：用来观察宝石的小型放大镜。

三角薄片双晶：一种孪晶，呈扁平状三角形，两个晶体共用一个面。

车工：宝石的比例和修饰度。

颗粒钻：形状不规则的钻石原钻，可在无锯切、劈裂或割裂处理的情况下进行抛光。

海洋矿床：一种次生矿床，其中发现有含土壤和岩石颗粒的原钻。在风、冰川和河流的作用下，原矿从陆地转移到海底或海岸线。

比色石：一种已知颜色等级的钻石，用于给其他钻石分级。

米粒钻：通常大小不到约四分之一克拉的小钻石。

混合切割：一种同时切出阶梯式切割面和明亮式切割面的切割方式。

莫氏硬度：宝石硬度的相对标度，等级分为从1到10，10为最硬值。

钉头：中心区域呈暗色的圆形钻石。

原晶面：钻石晶体未抛光的部分原始表面。有时，原晶面呈阶梯状或三角形状（称为三角）。

八面体：由八个等边三角形构成的立体形；类似于两座底部相连的金字塔。

老式欧洲切割：一种老式的圆形切割方式，切出58个切面、一个高冠部、一个小桌面、一个大底尖和短下腰面。

老矿式切割：一种老式的枕形切割方式，切出58个切面、一个高冠部、一个深亭部、一个大底尖和短下腰面。

不透明：描述光线无法穿透的宝石；与透明相反。

露天开采：通过挖掘方法开采地壳钻石管状脉中的钻石，最终会形成一个矿坑。

覆盖层：覆盖钻石管状脉的泥土、沙子、沙砾和岩石。

亭部：多面宝石腰部以下的下半部分；圆形钻石的亭部呈锥形。

亭角：钻石腰部平面与亭部主切面之间的角度。

亭深比：从腰部平面到底尖的距离，以平均腰部直径占比表示。

亭部主切面：明亮式切割宝石从腰部到底尖的八个菱形亭面。

磷光：移除光源后，宝石持续发出可见光（发光效果）。

分：百分之一克拉（0.01）；五分钻石重0.05克拉。

尖琢型切割：一种仿古切割方式，保留钻石晶体的八面体形状，其形类似于两座底部相连的金字塔。

抛光：抛光钻石整体的多切面表面状况。抛光属于修饰度下的一个子类别。实验室评估抛光情况时，评估人员以10倍倍率放大检查钻石，查看不影响净度等级的表面瑕疵。

原生矿床：矿床，埋藏着包裹在坚硬岩石——母岩中的原钻。

公主方切割：一种切出90度角的方形明亮式切割方式。

玫瑰式切割：一种切割方式，切出的圆顶形、平底和玫瑰花瓣状三角形切面从中心以六的倍数向外放射排列。从上面看，玫瑰式切割可以呈圆形、椭圆形或梨形。

原钻：未经切割的天然金刚石。

可锯钻：如果将钻石割为两块，将收获更多克拉数的原钻。八面体钻石晶体是可锯钻。

磨光盘：用于抛光宝石的旋转铁轮或旋转水平圆盘。

闪光：宝石、光源或观察者移动时，从宝石中看到的微小闪光。根据美国宝石学院的说法，闪光是闪烁和图案的融合呈现。

次生矿床：在远离原生矿床的位置发现原钻的矿床。例如，河床中的钻石矿床是由于母岩侵蚀和风化而形成的次生矿床。

亚透明：部分透明；透过亚透明宝石看到的物体看起来略显朦胧或模糊。

次半透明或微透明：部分不透明。

看货商：有资格从戴比尔斯直接批量购买钻石的少数钻石公司。

单多面形切割：一种切割方式，特点是切出一个桌面、八个冠面、八个亭面，有时还有一个底尖。这种切割方式为现代明亮式切割奠定了基础，目前仍用于切割重量不到十分之一克拉的小钻石。

片式切割：一种切割方式，使用激光切割宝石原石材料，厚度通常为1.5至2.5毫米（0.06至0.10英寸）。切片表面可能完全平坦光滑，或有一些小角度的大切面，其顶部表面能反射光，产生闪烁效果。

可割裂钻：可以通过激光作用或劈裂处理分成多个较小但价值较高的部分的原钻。

阶梯式切割：一种切割方式，形成了一排排切面，从上往下看时类似楼梯的台阶。切面通常有四边，细长，与腰部平行。

对称：一个分级术语，表示切面形状和位置的精确性。对称属于修饰度下的两个子类别之一。

合成钻石：一种实验室制造的钻石，其化学成分和晶体结构与天然钻石相同。合成钻石的物理和光学性质与天然钻石相差无几。更多信息见第7章。

桌面：大平顶面；圆形明亮式钻石的桌面呈八角形。

桌形切割：一种切割方式，由一个八面体组成，其顶点被切掉，形成一个方形平顶桌面。

四面体：键结的五个原子组成一组，其中一个碳原子在中心，其他四个原子环绕在周围。四面体又结合形成一个单位晶格，许多单位晶格一起形成钻石晶体。

韧度：宝石耐破碎、碎裂或破裂的程度。

过渡切割：20世纪30年代和40年代经常使用的一种切割方

式，其特点是整体切面采用现代明亮式切割方式，但底尖略微开放，切面有点类似于老式欧洲切割。

半透明：允许透射部分光线，如磨砂玻璃。

透明度：宝石透射光线的程度。换言之，宝石清晰透明、浑浊不清或几乎不透明的程度。

透明：晶莹剔透；透过透明宝石看到的物体看起来清晰、清楚。

处理：宝石学文献中用于改善宝石外观的任何工艺（不包括切割和清洁）的标准术语。

I型钻石：化学结构中含有氮的钻石。这会影响钻石的物理和光学性质。

II型钻石：结构中未含大量氮的钻石。

紫外线光源：波长从10纳米到400纳米的辐射，有助于鉴别宝石。

分带：宝石颜色的交替部分。

参考文献

书籍

Balakrishnan, Usha R., ed. *Diamonds Across Time: Facets of Mankind.* London: World Diamond Museum, 2020.

Balfour, Ian. *Famous Diamonds.* London: Collins, 1987.

Blakey, George G. *The Diamond.* London: Paddington Press, 1977.
Bruton, Eric. *Diamonds.* Radnor, PA: Chilton, 1978.

Chapman, John, Branko Deljanin and George Spyromilios. *Fluorescence as a Tool for Diamond Origin Identification — A Guide.* N.p.: Gemetrix & CGL-GRS, 2017.

Cowing, Michael. *Objective Diamond Clarity Grading.* Palma, Spain: Amazonas Gem Publications, 2017.

Cunningham, DeeDee. *The Diamond Compendium.* London: NAG Press, 2011.

Deljanin, Branko and Dusan Simic. *Laboratory-Grown Diamonds: Information Guide to HPHT-Grown and CVD-Grown Diamonds,* 3rd ed. Vancouver: Gemological Research Industries Inc. Canada, 2020.

Dickinson, Joan. *The Book of Diamonds.* New York: Dover Publications, 2001.

Dundek, Marijan. *Diamonds.* London: Noble Gems International, 2011. Friedman, Michael. *The Diamond Book.* Homewood, IL: Dow Jones-Irwin, 1980.

Gemological Institute of America. *Gem Reference Guide*. Santa Monica, CA: Gemological Institute of America, 1988.

Gemological Institute of America. *The GIA Diamond Dictionary*. Santa Monica, CA: Gemological Institute of America, 1993.

Gilbertson, Al. *American Cut: The First 100 Years*. Carlsbad, CA: Gem- ological Institute of America, 2007.

Green, Timothy. *The World of Diamonds*. New York: William Morrow, 1981.

Harlow, George E. *The Nature of Diamonds*. Cambridge: Cambridge University Press, 1998.

Harris, Jeff W. and Gloria A. Staebler, eds. *Diamond, The Ultimate Gemstone*. Arvada, CO: Lithographie, Ltd., 2017.

Hershey, J. Willard. *The Book of Diamonds*. New York: Hearthside Press, 1940.

Hodgkinson, Alan. *Gem Testing Techniques*. Scotland: Valerie Hodgkinson, 2015.

Hofer, Stephen C. *Collecting and Classifying Coloured Diamonds*. New York: Ashland Press, 1998.

King, John M. *Gems C Gemology in Review: Colored Diamonds*. Carlsbad, CA: Gemological Institute of America, 2006.

Koivula, John. *The Microworld of Diamonds*. Northbrook, IL: Gem- world International Inc., 2000.

Liddicoat, Richard T. *Handbook of Gem Identification*. Santa Monica, CA: Gemological Institute of America, 1993.

Ludel, Leonard. *Recutting C Repairing Diamonds*. Self-published, 1996.

Miller, Anna M. *The Buyer's Guide to Affordable Antique Jewelry.* New York: Citadel Press, 1993.

Nassau, Kurt. *Gems Made by Man.* Santa Monica, CA: Gemological Institute of America, 1980.

Nassau, Kurt. *Gemstone Enhancement*, 2nd ed. London: Butterworths, 1994.

Newman, Renée. *Diamond Handbook: How to Evaluate C Identify Diamonds,* 3rd ed. Los Angeles: International Jewelry Publications, 2018.

Newman, Renée. *Diamond Ring Buying Guide: How to Evaluate, Identify, and Select Diamonds C Diamond Jewelry,* 8th ed. Los Angeles: Inter- national Jewelry Publications, 2020.

Ogden, Jack. *Diamonds: An Early History of the King of Gems.* New Haven, CT: Yale University Press, 2018.

Pagel-Theisen, Verena. *Diamond Grading ABC.* New York: Rubin & Son, 2001.

Paterson, Vicki. *Diamonds.* Richmond Hill, ON: Firefly Books, 2005.

Romero, Christie. *Warman's Jewelry: Identification and Price Guide.* Iola, WI: Krause Publications, 2002.

Roskin, Gary. *Photo Masters for Diamond Grading.* Northbrook, IL: Gemworld International, 1994.

Scarisbrick, Diana. *Diamond Jewelry: 700 Years of Glory and Glamour.* London: Thames & Hudson, 2019.

Scarisbrick, Diana. *Diamonds: The Collection of Benjamin Zucker.* New York: Les Enluminures, 2019.

Sevdermish, M. and A. Mashiah. *The Dealer's Book of Gems C Dia-*

monds, Vol. II. Israel: Gemology (A.M.) Publishers Ltd., 1995.

Shigley, James E. *Gems C Gemology in Review: Synthetic Diamonds.* Carlsbad, CA: Gemological Institute of America, 2008.

Shigley, James E. *Gems C Gemology in Review: Treated Diamonds.* Carlsbad, CA: Gemological Institute of America, 2008.

Simic, Dusan. *Natural or Synthetic Diamond: Identifying with CPF, DF and UV Light*. New York: Analytical Gemology & Jewelry, 2011.

Sisk, Jerry. *Sisk Gemology Reference.* Knoxville, TN: America's Collect- ible Network, 2016.

Smithsonian. *Gem: The Definitive Visual Guide*. London: Dorling Kindersley, 2016.

Spero, Saul A. *Diamonds, Love, and Compatibility*. Hicksville, NY: Expo- sition Press, 1977.

Suwa, Yasukazu and Andrew Coxon. *Diamonds: Rough to Romance.* Tokyo, Japan: Sekai Bunka Publishing Company, 2010.

Vleeschdrager, Eddy. *Dureté 10: Le diamant*: *Histoire-taille-commerce,* 3rd ed. Deurne, Belgium: Editions Continental Publishing, 1996.

Volandes, Stellene. *Jewels That Made History: 100 Stones, Myths, and Legends*. New York: Rizzoli, 2020.

Ward, Fred and Charlotte Ward. *Diamonds,* 4th ed. Malibu, CA: Gem Book Publishers, 2019.

Washington, Glenn. *Genuine Diamonds Found in Arkansas.* Murfreesboro, AR: Mid-America Prospecting, 2009.

Wise, Richard. *Secrets of the Gem Trade,* 2nd ed. Lenox, MA: Brunswick House Press, 2016.

期刊

Australian Gemmologist. Brisbane: Gemmological Association of Australia.

Canadian Gemmologist. Toronto: Canadian Gemmological Association.

Canadian Jeweller Magazine. Toronto: Canadian Jeweller.

Gems C Gemology. Carlsbad, CA: Gemological Institute of America.

Gems C Jewellery. London: Gemmological Association of Great Britain.

InColor. New York: ICA (International Colored Gemstone Association).

Instore Magazine. New York: Instore Magazine.

Jewelers Circular Keystone. New York: Reed Elsevier, Inc.

Jewelry Business. Richmond Hill, ON: Kennilworth Media, Inc.

Jewelry News Asia. Hong Kong: UBM Asia Ltd.

Journal of Gemmology. London: Gemmological Association of Great Britain.

Lapidary Journal Jewelry Artist. Fort Collins, CO: Interweave Press.

MJSA Journal. Providence, RI: Manufacturing Jewelers & Suppliers of America.

National Jeweler. New York: National Business Media.

New York Diamonds. New York: International Diamond Publications, Ltd.

Rapaport. Las Vegas: Rapaport USA Inc.

Southern Jewelry News. Greensboro, NC: Southern Jewelry News.

课程材料

Gemmological Association of Great Britain. *The Diploma in Gemmol-*

ogy Course. London: Gem-A, 2009.

Gemological Institute of America. *Diamonds C Diamond Grading*, Carlsbad, CA: Gemological Institute of America, 2002.

Gemological Institute of America. *Diamond Grading Lab Manual*. Carlsbad, CA: Gemological Institute of America, 2006.

HRD. *Sorting of Rough Diamonds: Basic Course*. Antwerp, Belgium: HRD, 2005.

其他

CIBJO/Diamond Commission. *The Diamond Book*. Bern, Switzerland: CIBJO, 2020.

Gemworld International. *GemGuide*. Glenview, IL: Gemworld International, Inc., n.d.

Ninth Annual Sinkankas Symposium: Diamond. 2 vols. Carlsbad, CA: Gemological Institute of America and San Diego Gem & Mineral Society, April 16, 2011.

Facette. Basel, Switzerland: Swiss Gemmological Institute SSEF.

网站

Alrosa.ru

AntiqueJewel.com

AuctionMarketResource.com

Canada.DeBeersGroup.com

DDMines.com

DeBeersGroup.com

DebmarineNamibia.com

Debswana.com

GemDiamonds.com

GemologyOnline.com

Geology.com

GeorgianJewelry.com

GIA.edu

HA.com IdexOnline.com

LangAntiques.com/university

Langerman-Diamonds.com/encyclopedia

Lucapa.com.au

LucaraDiamond.com

Mindat.org Mining.com

Mining-Technology.com

Namdeb.com

NaturalDiamonds.com

NRCan.gc.ca

PetraDiamonds.com

RioTinto.com

RioZim.co.zw

USGS.gov

致谢

我要感谢以下人士和公司对本书的贡献：

Firefly Books负责制作这本精美优质图书的工作人员：总裁 Lionel Koffler；主编Julie Takasaki；文字编辑Ronnie Shuker；地图和钻石切割插图画家George A. Walker；以及设计师Hartley Millson。我非常感谢有机会与如此敬业、才华横溢的专业人士一起创作此书。

Nancy Almeida、Diana Asonova、Marianna Bowes、Paul Cassarino、Michael Cowing、Branko Deljanin、Al Gilbertson、Hitesh Goti、Terry Kruger、Gary Megal、Daniel Nyfeler、Lisa Stockhammer-Mial 和 Sandy Ray。他们提供了信息，并提出了宝贵的建议、更正和意见。他们对任何可能的错误概无责任，也不一定认可本书中包含的材料。

美国宝石学院的教师。他们帮我获得了创作这样一本书所需的技术背景。他们的奉献和帮助远远超出了上课时间。

Abe Mor Diamond Cutters、ACA Gem Lab、Adin Fine Antique Jewelry、Alrosa、The Arkenstone、Asian Star Group、John Atencio、Laurent Cartier、Paul Cassarino、John Chapman、Michael Cowing、Crater of Diamonds State Park、Paula Crevoshay、De Beers Canada、De Beers GemFair、Dehres Ltd.、Branko Deljanin、Brian Denney、Dharmanandan Diamonds Pvt.

Ltd.、Diamond Foundry、Element 6 Group、Gemological Institute of America、Gems of Note、Gems by Pancis、GeorgianJewelry. com、Jim Grahl、Gübelin Gem Lab、Sky Hall、Barbara Heinrich、 Heritage Auctions、Herbert Horowitz、Hubert Jewelry、Peter Indorf、KT Diamond Jewelers、Anup Jogani、J. Landau Inc.、 Lang Antiques、Glenn Lehrer、Lightbox Jewelry、Lotus Colors Inc.、Lucapa Diamond Company Limited、Lucara Diamond、 Meylor Global、Abe Mor Diamond Cutters、Moussaieff Jewellers、 Namdar Diamonds、Namdeb Diamond Corporation、New World Diamonds、Pala International、Petra Diamonds、Todd Reed、 Sandvik Additive Manufacturing、Mark Schneider Design、Dusan Simic、Single Stone、Smiling Rocks、Smithsonian、State Parks of Arkansas、The Three Graces Jewelry、Vrai 和 Barbara Westwood。 本书复制了他们的照片或图表。

Josam Diamond Trading Corporation的Ernie和Regina Goldberger。我永远感谢他们聘请我对他们的钻石进行分类和分级，并监督他们的首饰制作工作。如果没有与他们共事所获得的经验和知识，我绝无可能写就此书。

索引